小动物活体光学成像技术与应用

韩玲　李威　刘玉龙　主编

上海交通大学 出版社
SHANGHAI JIAO TONG UNIVERSITY PRESS

内容提要

本书较为全面地介绍了小动物活体光学成像技术的发展简史、基本理论体系、主要仪器设备原理及操作方法、基本实验技术等内容。同时,本书还涵盖了国内外在小动物活体光学成像领域的相关重要进展及全体参编人员近年来在药物学、纳米学、肿瘤、免疫、干细胞、糖尿病、感染性疾病等交叉研究领域中的重要教学及科研成果,具有很强的创新性和实用性。

本书可供基础医学、药学、特种医学、防原医学、临床医学等专业的研究生和相关教学科研人员使用,也可供高等学校、科研院所的本科生、进修生和工作人员参考使用。

图书在版编目(CIP)数据

小动物活体光学成像技术与应用/ 韩玲,李威,刘玉龙主编. —上海:上海交通大学出版社,2023.11
ISBN 978 - 7 - 313 - 29572 - 9

Ⅰ.①小… Ⅱ.①韩… ②李… ③刘… Ⅲ.①实验动物-光学-成像 Ⅳ.①Q95-33

中国国家版本馆 CIP 数据核字(2023)第 192012 号

小动物活体光学成像技术与应用
XIAODONGWU HUOTI GUANGXUE CHENGXIANG JISHU YU YINGYONG

主　编:	韩　玲　李　威　刘玉龙			
出版发行:	上海交通大学出版社		地　　址:	上海市番禺路 951 号
邮政编码:	200030		电　　话:	021 - 64071208
印　　制:	上海景条印刷有限公司		经　　销:	全国新华书店
开　　本:	710 mm×1000 mm　1/16		印　　张:	8
字　　数:	118 千字			
版　　次:	2023 年 11 月第 1 版		印　　次:	2023 年 11 月第 1 次印刷
书　　号:	ISBN 978 - 7 - 313 - 29572 - 9			
定　　价:	39.00 元			

本书编委会

· 主 编 ·

韩　玲　李　威　刘玉龙①

· 编 委 ·

（按姓氏笔画排序）

卢宏涛　刘玉龙①　刘玉龙②　刘　苏

刘婷婷　汤天衡　李　威　李啸群

邱智文　张　莉　罗正汉　赵梦鑫

赵婷婷　相　阳　俞楚婷　徐振华

韩冶敏　韩　玲　曾　韬　潘小玲

---

① 就职于苏州大学附属第二医院；　② 就职于中国人民解放军海军军医大学航海医学国家级实验教学示范中心。两者按单位名称笔画排序。

前　言

　　小动物活体成像技术是指应用影像学方法,对活体动物状态下的生物过程进行组织、细胞和分子水平的定性和定量研究的技术,是生物医学工程领域的创新性成果。近十年来,中国人民解放军海军军医大学为本科生及研究生开设了《小动物活体成像技术》的选修课,举办过多期面向全国的小动物活体成像技术学习班,同时在航海医学国家级实验教学示范中心教学网站上开设网络教学,制作虚拟仿真教学系统,获得来自全国的研究生及学员的好评。本书就是在此基础上,结合各参编人员在相关研究领域取得的重要研究成果撰写而成的。

　　本书分为5章,重点介绍活体动物可见光成像技术,包括活体成像技术概述、小动物活体光学成像技术基本原理、仪器原理及操作、基本实验技术等,更有该技术在药物研究、纳米物理药剂学研究、基因治疗及肿瘤研究、干细胞研究、免疫研究、糖尿病研究、感染性疾病研究等前沿领域中的应用及展望等。

　　本书编者在小动物活体光学成像技术与应用方面有较丰富的实践经验。参与本书编写的有中国人民解放军海军军医大学航海医学国家级实验教学示范中心韩玲、刘苏、刘玉龙,中国人民解放军海军军医大学转化医学研究中心纳米医学研究室李威、邱智文、潘小玲、赵梦鑫、张莉,苏州大学附属第二医院刘玉龙,上海基汇生物科技有限公司汤天衡、徐振华,中国人民解放军海军军医大学海军医学系卢宏涛、刘婷婷,中国人民解放军海军军医大学第一附属医院烧伤科相阳、骨科李啸群、肾内科赵婷婷及韩治敏,中国人民解放军海军军医大学基础医学院俞楚婷,中国人民解放军东部战区疾病预防控制中心罗正汉及联勤保障部队第九〇一医院曾韬。全书由韩玲、李威及苏州大学附属第二医院刘玉龙主持统稿。

本书的出版得到国家社会科学基金项目(21GBL300)的资助。本书的一些观点和依据来自书后列出的参考文献,在此对这些文献的作者表示感谢!本书可作为高等院校基础教学用书,也可作为相关领域研究者参考用书。在编写中,我们发现小动物活体光学成像技术进展迅速,许多内容还在不断发展中,书中难免有疏漏不当之处,敬请读者批评指正。

目 录

第 1 章

活体成像技术概述

    活体成像技术是指应用影像学方法，借助灵敏的科学检测仪器，对活体状态下的生物过程进行组织、细胞和分子水平的定性和定量研究。该技术是在不损伤动物的前提下既能监测不同活体的生物学行为，又能对同一种实验对象进行长期的纵向研究，在不同时间点进行记录，跟踪同一观察目标（标记细胞及基因）的移动及变化，从而使得到的数据更加真实可信。这种从非特异性成像到特异性成像的变化，为疾病生物学、疾病早期检测、定性、评估和治疗带来了重大的影响。

    1999 年，美国哈佛大学韦斯莱德（Weissleder）等人首次提出了分子影像学（molecular imaging）的概念，即应用影像学方法，对活体状态下的生物过程进行细胞和分子水平的定性和定量研究。

    本章主要简介分子影像技术发展过程及动物活体成像技术概况。

1.1 分子影像技术发展简介

    分子影像学是 21 世纪医学中具有相当重要价值的诊断学之一。其着眼于对疾病结构异常的分子做探测研究。随着人类社会的进步，社会科学技术的发展达到了一个新的高度，人们对医学界的要求也是越来越高，现有的传统影像诊断技术如电子计算机断层扫描（computed tomography，CT）、磁共振成像（magnetic resonance imaging，MRI）、B 超等已经不能满足人们对疾病的高效超前诊断。现代细胞生物学、分子生物学技术空前的进步和发展,新型高效成像探针、成像设备的研发为分子影像学提供了条件。因此,近年来国内外影像学专家、学者提出运用分子影像诊断技术为医学服务,并不断对其进行技术改进研究。分子影像学从生理、生化水平显像来达到认识疾病、阐明病变组织生物过程变化、病变细胞基因表达、代谢活性高低、病变细胞活力水平以及细胞内生物活动状态等目的,为恶性肿瘤等疑难性疾病的临床早期发现、早期诊断和早期治疗提供分子水平信息。这是21世纪医学诊断领域的重大突破。

1.1.1 分子影像学概念

分子影像学是应用影像学方法,对活体状态下的生物过程在组织、细胞和分子水平上进行定性和定量检测和分析,在尚无解剖改变出现前检查出疾病过程中细胞和分子水平的异常,以达到对疾病早期特异性诊断、疗效观察和制订治疗计划或进行新药研制筛选的目的。它是分子生物学、化学、纳米技术、数据处理、图像处理技术等多学科技术结合的成果。分子影像的本质是将先进的影像技术与生物化学、分子生物学等技术紧密结合,完成分子水平成像,同时也具有高灵敏度、高特异性和高图像分辨率等特点,提供以解剖结构为基础、以分子水平为基准的疾病发生和发展的信息,提供定位、定性、定量和对疾病分期诊断的准确依据。

传统成像大多依赖于肉眼可见的机体、生理和代谢过程在疾病状态下的变化,而不是了解疾病的特异性分子事件;分子成像则是利用特异性分子探针追踪靶目标并成像。这种从非特异性成像到特异性成像的变化,为疾病生物学、疾病早期检测、定性、评估和治疗带来了重大的影响。

分子成像与传统的体外成像或细胞培养相比有着明显特点。分子成像能够反映细胞或基因表达的空间和时间分布。由于可以对同一个研究个体进行长时间反复跟踪成像,既可以进行自身数据的纵向对比,避免个体差异对试验结果的影响,又不需要杀死模式动物,节省了科研费用。在药物开发方面,分子成像具有更重大的意义,在药物的临床研究中大部分由于安全问题而终止,而分子成像技术的问世,将使药物在临床前研究中通过分子成像的方法,获得更具体的分子或基因水平的数据,这是用传统方法无法了解的领域,所以分子成像将对新药研究的模式带来革命性改变。

　　分子成像技术使活体动物体内成像成为可能,它的出现,归功于分子生物学和细胞生物学的发展、转基因动物模型的使用、小动物成像设备的发展等因素。目前,分子成像技术可用于研究观察特异性细胞、基因和分子的表达或互相作用的过程,同时检测多种分子事件,追踪靶细胞,药物和基因治疗最优化,从分子和细胞水平对药物疗效进行成像,从分子病理水平评估疾病发展过程,对同一个动物或患者进行时间、环境、发展和治疗影响跟踪。

1.1.2　分子影像技术的产生和发展

　　影像医学从无到有发展到现代分子影像技术经历了三个阶段。第一个阶段:显微镜的发明使人们看见细胞及其结构;解剖学和显微镜的发展奠定了近代西方医学的基础。第二个阶段:伦琴发现 X 射线使人们看到人体内部结构,开创了现代医学影像技术,开启了医学影像的崭新时代。第三个阶段:分子影像,从 γ 照相机到正电子发射体层成像(positron emission tomography, PET),看到体内分子变化,看得见分子生物的代谢变化。

1.1.2.1　显微镜的发明:看见细胞及其结构

　　17 世纪前,观察物体主要靠人的肉眼,分辨率为 0.2 mm;17 世纪初,光学显微镜的发明使分辨率达到 0.2 μm,使人类开始进入微观世界的观察。英国的罗伯特·胡克(Robert Hooke)和荷兰的安东尼·菲利普斯·范·列文虎克(荷兰语:Antonie Philips van Leeuwenhoek)都对显微镜的发展做出了卓越的贡献。"细胞"一词便是由罗伯特·胡克利用复合式显微镜观察软木的木栓组织上的微小气孔而得来的,他在 1665 年发表的著作《显微图集》(*Micrographia*)中首次使用了"cell"(意为小房间或单元)一词来描述观察到的蜂巢中的小结构。这个术语逐渐普及并成为细胞生物学的基础术语,影响了整个生命科学的发展。

　　17 世纪 70 年代、80 年代,列文虎克首次发现了原生动物与细菌的存在,同时将他发明的光学显微镜用于对原生动物、细菌、血红细胞、毛细血管以及昆虫的循环系统的研究之中。在他的一生当中磨制了超过 500 个镜片,并制造了 400 种以上的显微镜,其中有 9 种至今仍有人使用。

随后的几百年来,光学显微镜在生物医学等各个领域都发挥了重要作用,至今仍被广泛应用。然而,光学显微镜的分辨率受到光的衍射现象的限制。1873 年,物理学家厄恩斯特·阿贝(Ernst Abbe)得出结论:传统的光学显微镜分辨率有一个物理极限,即所用光波波长的一半(大概是 $0.2\ \mu m$,即 200 nm)。

电子显微镜的发明使科学家能观察到光学显微镜中无法分辨的病原体,如病毒等。1931 年,厄恩斯特·鲁斯卡(Ernst Ruska)研制成功电子显微镜,其透射电镜的分辨率为 $0.1\sim0.2$ nm,放大倍数为几万至几十万倍,这使得科学家能观察到像百万分之一毫米那样小的物体。1937 年第一台扫描透射电子显微镜推出。1938 年西门子公司研制成功第一台商业电子显微镜。

以后又陆续出现了激光显微镜、声学显微镜、光电变换显微镜、场离子显微镜等,使得显微镜的家族十分兴旺,这给科学工作者提供了强有力的研究手段。微观世界的奥秘一个一个地被揭示,有力地推动着科学技术和生产的迅速发展。

超分辨率荧光显微镜使科学家们能够观察到活细胞中不同分子在纳米尺度上的运动。2014 年诺贝尔化学奖颁给了三个物理学家,埃里克·贝齐格(Eric Betzig)、斯蒂芬·W. 赫尔(Stefan W. Hell)和 W. E. 莫纳(W. E. Moerner),以表彰他们对于发展超分辨率荧光显微镜做出的卓越贡献:突破极限,见所未见! 他们的突破性工作使光学显微技术进入了纳米尺度,从而使科学家们能够观察到活细胞中不同分子在纳米尺度上的运动。今天,科学家们能够从最微小的分子细节来研究活细胞,这在前人看来是不可能的事情。在纳米显微(nanoscopy)领域,科学家可以观察到更小的结构,也可以观测活细胞中不同分子的运动:他们能够看到脑部神经细胞间的突触是如何形成的,能够观察到与帕金森病(Parkinson's disease,PD)、阿尔茨海默病(Alzheimer's disease,AD)和亨廷顿舞蹈症(Huntington's disease, HD)相关的蛋白聚集过程,他们也能够在受精卵分裂形成胚胎时追踪不同的蛋白质。这无疑将推动人类从分子水平去理解生命科学中的现象与机理。

1.1.2.2　发现 X 射线：看到人体内部结构,开启了医学影像的崭新时代

1895 年,德国物理学家伦琴发现 X 射线,并用他夫人的手拍下了具有历史意义的世界上第一张人手 X 射线照片(见图 1 - 1)。这年年底,伦琴写了一篇题为"On a new kind of rays"的著名报告。鉴于伦琴的卓越贡献,人们把这一射线称为伦琴射线。然而伦琴之所以称这种射线为 X 射线,是因为这种射线的本质在当时并没有弄清楚。几个月后,德国工程师罗塞尔 · 雷诺兹(Russell Reynolds)制成了人类历史上第一台 X 射线仪,使人类得以在无创伤的情况下观看到人体内部情况。1901 年首届诺贝尔物理学奖授给了伦琴。获奖原因是发现 X 射线,为开创医疗影像技术铺平道路。X 射线在医学上的应用使医生能观察到人体内部结构,在相当程度上改变了医学尤其是临床医学的进程,并为放射学及现

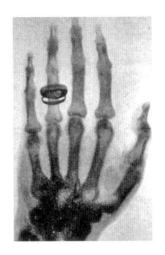

图 1 - 1　世界上第一张人手 X 射线照片

（图片来源：维基百科）

代医学影像学的形成和发展奠定了基础。直到今天,X 射线诊断仍是使用最普遍且有相当大的临床诊断价值的一种医学诊断方法。

X 射线有很强的穿透力,能穿透一般可见光无法穿透的物体。由于人体的正常组织和器官与发生病变的部位被 X 射线穿透的情况大不相同,所以反映在底片上的明暗变化和疏密效果也大不一样,从而为医生诊断病情提供了依据。于是,X 射线诊断技术便成了世界上最早应用的非创伤性的内脏检查技术。

但是,X 射线检查时,前后影像互相重叠,没有立体感,使一些不甚明显的病变难以发现,容易造成误诊和漏诊。为了解决这个问题,需要从不同角度拍摄许多张底片,以解决影子重叠的问题,才能从不同方位看到不同的器官,让病变在医生的视野里暴露无遗。因此,X 射线透视摄影产生的影像重叠问题催生了具有划时代意义的 X 射线计算机断层摄影(X - CT)。

X - CT 基本原理有两方面：一是 X 射线能使人体的组织、器官产生

不同的衰减射线投影的物理学原理;二是任何物体均可以通过其无数投影的集合重建图像的数学原理。CT 的物理学原理并不复杂,而图像重建数学原理的应用却相当复杂,必须经过计算机处理。

1957 年,美国物理学家 A. M. 科马克(A. M. Cormack)发明了一种计算 X 射线在人体内的辐射特性的方法,为 CT 的发明奠定了理论基础。1963 年,科马克制造了 CT 原型机。

1961 年,英国计算机专家戈弗雷・豪恩斯菲尔德(Godfrey Hounsfield)在不知道科马克研究成果的情况下研究计算机处理断层图像的技术,1967 年产生了计算机断层成像的想法,并在 1968 年获得专利。随后豪恩斯菲尔德对原型机不断改进,在 1971 年,作为英国电器与乐器工业有限公司(Electrical and Music Industries,EMI)工程师豪恩斯菲尔德制造了一台用于扫描人脑的 CT 机(EMI CT 机),扫描一层图像需要 4.5 min。1972 年 4 月,豪恩斯菲尔德在英国放射学年会上首次公布了这一结果,正式宣告了 CT 扫描仪的诞生。这一伟大发明引起了医学界极大的震动,被誉为自伦琴发现 X 射线后,放射诊断领域最重大的成就。为此,豪恩斯菲尔德与科马克共同获得 1979 年的诺贝尔生理学或医学奖。CT 扫描仪,其全称为电子计算机断面扫描仪。该扫描仪仍用 X 射线穿透人体,不同的是可以利用 X 射线束对人体某一部位具有一定厚度的层面进行扫描,并由计算机进行分析和计算,完成各种图像的构建。CT 扫描仪的对比分辨率比普通 X 射线底片要高 100 倍,即使直径只有几毫米的肿瘤也可清晰地看到,能对肿瘤早期诊断、颅脑外伤、脑出血等做出正确定位,产生了惊人的治疗效果。计算机断层摄影的出现,使医学影像学发生了革命性的变化,代表着 20 世纪影像技术设备发展的最高成就。

整个 20 世纪 80 年代,除了 X 射线以外,超声、磁共振、核素成像等技术和系统陆续大量出现,呈现出一派繁荣景象。

1) 超声成像

超声成像(ultrasound,US)系统是运用超声波的物理特性、成像原理以及人体组织器官的特征和临床医学基础知识,通过观察人体组织、器官形态和功能变化的声像表现,探讨疾病的发生发展规律,从而达到诊断与治疗疾病目的的仪器。超声成像设备的发展得益于在第二次世界大战中雷达与声呐技术的发展。在 20 世纪 50 年代,简单的 A 型超声诊断仪开始用于临床。到了 70 年代,能提供断面动态的 B 型超声仪器问世。80 年代初问世的超声彩色血流图(color flow mapping,CFM)是目前临床上使用的高档超声诊断仪。

2) 磁共振成像

早在 1930 年,美国物理学家伊西多·艾萨克·拉比(Isidor Isaac Rabi)就发现,在磁场中的原子核会沿磁场方向呈正向或反向有序平行排列(见图 1-2),而施加无线电波之后,原子核的自旋方向发生翻转[见图 1-2(c)]。这是人类首次发现原子核、磁场、电磁波射频场之间的相互作用。伊西多·艾萨克·拉比因此获得 1944 年的诺贝尔物理学奖。1946 年,斯坦福大学物理学家费利克斯·布洛克(Felix Bloch)和哈佛大学爱德华·米尔斯·珀塞耳(Edward Mills Purcell)发现位于磁场中的原子核受到高频电磁场激发会倾斜。而当高频场关闭后,原子核将释放吸收的能量,并且回归到原始状态[见图 1-2(b)~图 1-2(d)的过程]。费利克斯·布洛克和爱德华·米尔斯·珀塞耳因在磁共振成像理论基础方面的杰出贡献,共同获得了 1952 年的诺贝尔物理学奖。

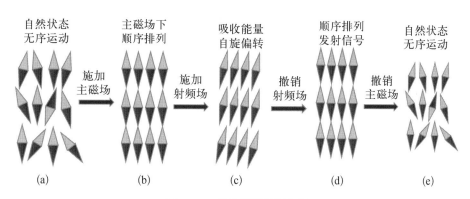

图 1-2　磁共振原理示意图

磁共振现象发现之初,因成像条件苛刻、成像时间长等缺陷,应用范围受到较大限制,直到 1968 年理查德·罗伯特·厄恩斯特(Richard Robert Ernst)团队改进激发脉冲序列和分析算法,大大提高信号的灵敏度以及成像速度后,磁共振技术才逐步成熟,厄恩斯特本人也因此荣获 1991 年的诺贝尔化学奖。

1973年,美国化学家保罗·劳特布尔(Paul Lauterbur)创造性地提出了核磁共振成像的方法。英国科学家彼得·曼斯菲尔德(Peter Mansfield)又进一步验证和改进了这种方法。在这两个人成果的基础上,1978年EMI公司研制出第一台核磁共振计算机断层成像设备。1980年,第一台可以用于临床的全身核磁共振(nuclear magnetic resonance, NMR)在美国福纳公司诞生(见图1-3)。此为影像设备与技术领域的新的革命性突破。

图1-3   第一台可以用于临床的全身核磁共振

(图片来源:https://www.starimagingindia.com/)

1984年,第一台医用NMR-CT获得美国FDA认证。此后,NMR-CT迅速走向市场。值得一提的是,美国放射学会建议将NMR改为MRI以缓解公众特别是患者对"N"(核医学)的担心,因此,NMR-CT变成了MRI,磁共振成像的术语沿用至今。劳特布尔和曼斯菲尔德因对磁共振成像技术做出的杰出贡献获得2003年的诺贝尔奖生理学或医学奖。MRI可以显示体内不同化学环境和代谢过程的清晰图像,能发现人体生理和生化过程的早期变化,改变了过去依靠病理解剖了解病变的传统方法,同样具有划时代的意义。

这些方法各有所长,互相补充,能为医生做出确切诊断,提供越来越详细和精确的信息,在医院全部图像中,X射线图像占80%以上,是目前医院图像的主要来源。然而,CT、MRI及超声得到的图像是形态结构型的,其缺点是静止的,当检查发现病变时,病情往往已进入中晚期,使患者失去了早期治愈的机会,难以对患者的病情进行早期诊断。

1.1.2.3　分子影像:从γ照相机到PET,看到体内分子变化

任何疾病形成的早期,都有病理性代谢改变出现(例如恶性肿瘤的有氧葡萄糖代谢大大高于正常细胞),其后才是器质性病变,待最后显示临床症状时,已为时太晚,因此肿瘤的早期发现对于其预后是至关重要的。基于早期发现病变的强烈愿望,新一代诊断仪:正电子发射体层成像(PET)诞生了。PET是一种放射性核素成像设备,它的显像是生物化学型显像,是代谢动态型的,也是分子状态功能型的。

早期开发的核医学成像仪器是放射性核素扫描仪。1951年,美国科学家贝内迪克特·凯森(Benedict Cassen)发明同位素扫描仪并应用于肝脏和甲状腺核素检查,从此核素显像进入了医学影像行列。核素扫描仪借助于探头和受检体之间的相对位置,按一定规律移动来描绘核素在某器官的分布图像。扫描机简单、价廉,应用较广。但其显像时间较长,不适合快速显像的需要,继而发展产生了γ照相机。

1957年,美国科学家哈尔·O. 安杰(Hal O. Anger)发明了第一台γ照相机,使核医学检查技术将动态功能和图像结合起来。γ照相机能使靶物的核素一次成像,主要用于显示和拍摄核素分布图。它具有快速连续的摄像装置和大视野、大面积的灵敏探头;能进行静态显像、动态显像及全身γ照相,克服了核素扫描机费时长,不宜动态显像等缺点,已成为临床核医学的主要诊断仪器。

CT技术问世后,科学家们将放射性核素扫描与CT技术结合起来,开发出发射计算机断层显像(emission computed tomography,ECT)技术。ECT技术既能动态观察脏器的形态、功能和代谢的变化,也能进行断层显像和立体显像。ECT技术是根据人体对体内注入的放射核素摄取不同,放出γ射线不同而成像,是一种能给出核素在体内各层面的分布及立体分布图像的显像技术。剖面图不受邻近层面核素的干扰,空间分辨率高,定位精确,能获得活体三维图像,并能定量计算脏器或病变部位的大

小、体积及局部血流等,属于功能成像,显示人体的代谢和生化改变,所以在人体器官发生病理变化的早期,当器官的外形结构表现为正常,而器官的某些生理功能已经开始发生变化时,便可测定出器官病变的发生,是超声、X-CT 和 MRI 等结构影像设备不能实现的。当前,ECT 已在疾病诊断中发挥着非常重要的作用。ECT 目前分两大类,即单光子发射计算机断层成像(single photon emission computed tomography,SPECT)和正电子发射体层成像(PET)。

SPECT 是使用核素标记物注入人体,人体各器官对标记物摄取量不同,放出 β 粒子,当退回到基态时发射的 γ 光子不同,探测器测出不同的 γ 光子而进行结构功能成像,是当前较为成熟的一种核素成像技术。其特点如下:可使用 ^{99m}Tc 等常用核素标记的放射性药物;功能多,用途广,大多兼有 γ 照相机功能,能同时用于各项常规显像检查;能定量分析脏器对示踪物的摄取量、脏器容积、病变部位的大小及某些脏器的局部血流量等。其灵敏度通常为每分钟 $5\times10^3\sim7\times10^7$ 计数,横向分辨率为 15 mm,纵向分辨率为 15~18 mm。在脑功能、心功能、肿瘤诊断、骨转移诊断上具有显著的优势,在医学诊断上起着十分重要的作用。

PET 能探测放出正电子的核素。当前应用最多的是 ^{18}F 标记的脱氧葡萄糖,即 ^{18}F-FDG。^{18}F 放出的正电子与组织中的电子湮没辐射产生两个 511 keV 的 γ 光子,测出 511 keV 的 γ 光子多少而成像。可以获得 $β^+$ 放射性核素在人体分布的断层图。其特点如下:分辨率高,对比度好;均匀度好,有利于重建图像;灵敏度不受探测深度的影响;探测效率高;可使用组成人体主要元素的短半衰期核素(^{11}C、^{13}N、^{15}O 等)作为示踪剂,能获得人体生理、生化动态变化的图像。但所用示踪剂由加速器生产,价格昂贵。

20 世纪 80 年代 PET 技术日渐成熟,90 年代 PET 已成为发达国家影像学诊断的重要工具。PET 技术由于本身分辨率的原因,与传统影像学相比,还不能揭示准确的解剖结构,在一定程度上限制了它的发展。于是,1998 年科学家研究决定,将第一台专用 PET-CT 原型机安装在美国匹兹堡大学医学中心,完成了真正意义上的功能与解剖影像的统一,使影像医学的发展向前迈出了具有历史意义的决定性的一步。

PET - CT 是将最先进的 PET 和 CT 的功能有机地结合在一起的一种全新的功能分子影像诊断设备。PET 通过使用代谢显像剂、乏氧显像剂等药物,可以将肿瘤病灶的代谢信息表达出来,通过这些信息可以容易地确定肿瘤组织和正常组织及病灶周围的非肿瘤病变组织的界限,以及肿瘤病灶内肿瘤细胞的分布情况,真正做到以生物靶区为基础制订放疗计划。CT 能够精确提供肿瘤病灶解剖结构。PET - CT 融合的图像既能提供精确的解剖结构图像,又能提供生物靶区的材料。使用 PET - CT 制订放疗计划对于临床来说是一个全新的分子影像领域,具有广阔的应用前景。最新发展是将 PET 和 MRI 有机融合(PET - MRI),国外已有仪器投入使用研究,因价格昂贵,以及临床应用未完全成熟,处在临床研究的初步阶段,不久将为医疗影像技术带来革新。

1991 年,美国旧金山大学的布鲁斯·H. 长谷川(Bruce H. Hasegawa)和托马斯·F. 兰(Thomas F. Lang)等将一台 SPECT 仪和一台 CT 串联在一起,并获得很好的效果。

1998 年,美国通用电气公司基于这一设计的 SPECT - CT 推向市场,获得巨大的商业成功。

2004 年,德国西门子公司在第 51 届美国核医学年会上提出了一种新的融合影像技术概念,首次将 SPECT 的功能影像与多层诊断 CT 的丰富解剖细节进行了充分的结合,使 SPECT 技术得以继续向前发展。

1.2　分子影像的原理简介

分子影像学融合了分子生物化学、数据处理、纳米技术、图像处理等各种技术。分子影像技术有三个关键因素,第一是高特异性分子探针,第二是合适的信号放大技术,第三是能灵敏地获得高分辨率图像的探测系统。它将遗传基因信息、生物化学与新的成像探针综合输入人体内,用它标记所研究的"靶子"(另一分子),通过分子影像技术,把"靶子"放大,由精密的成像技术来检测,再通过一系列的图像后处理技术,达到显示活体组织分子和细胞水平上的生物学过程的目的,从而对疾病进行亚临床期诊断和治疗。

1.2.1　分子探针

1) 分子探针概念

分子探针(molecular probe)是指能与其他分子或细胞结构特异性结合的分子或结合体,用于对靶分子或靶细胞结构进行定位、定性等分析。分子探针是实现分子成像的先决条件和核心技术。只有开发具有高灵敏度、高特异性的分子探针才能从根本上推动分子影像技术的普及和发展。分子探针对于核医学分子影像技术来讲就是放射性药物,对于 MRI、荧光、超声技术来讲就可以直接称其为探针(probe)。

分子探针是一种特殊的、带有标记信号的物质。将体外制备的特殊分子探针无创引入体内,或直接标记体内特殊分子(比如标记的水分子和甘油三酯分子),利用分子探针与细胞的靶分子(target molecular)特异性结合时产生不同的信号,在体外可以采用 PET、PET‑CT、SPECT、SPECT‑CT、MRI 以及化学荧光或发光分子等相应设备进行成像(见图 1‑4)。

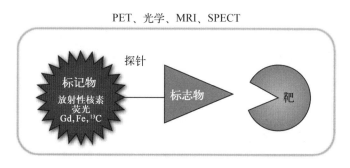

图 1‑4　活体成像使用分子探针结构示意图

分子探针由标记物(labeled)与生物标志物(biomarker)结合而成。分子探针是分子影像成像的关键,在分子影像成像中对分子探针的要求如下。

(1) 分子探针必须具有生物学兼容性,能够在人体内参与正常生理代谢过程。同时分子探针必须具有安全性,不会对人体造成任何伤害。

(2) 分子探针必须能够克服体内生理屏障。首先进入体内的探针不要被巨噬细胞吞噬;其次还要穿过人体内许多的生物屏障,比如血脑屏障、血管壁、细胞膜等,只有通过这些屏障才能和特殊的靶分子或靶器官结合。

(3) 分子探针和靶分子结合必须具有高度的灵敏度、特异性。只有具有高度特异性才能达到高度特异性诊断目的。

(4) 分子探针需要具备低成本、制备方便和稳定性高的特点。分子影像能够普及发展的前提是分子探针具有低成本、制备方便和稳定性高。只有普及化发展才能使得分子影像具有实际临床价值。

目前常用的小分子探针是和特异性配体结合的受体、生物酶等偶联,大分子探针则与如单克隆抗体偶联而成。在实际使用中,我们可以按照研究或临床诊断、治疗目的来设计不同的探针,以达到基础研究和临床应用的目的。

2) 分子探针标准

制备分子探针可以采用不同的方法以及应用不同的标记物和标志物,然而,同一标志物(有机化合物、小分子多肽、单抗片段)与不同标记物(放射性核素、荧光素、MR 活性元素、顺磁性金属元素)所制备的探针尽管很接近,但还是具有一定程度的差距。我们习惯上将采用^{11}C、^{13}C、^{15}O 标记物(包括内源性和外源性)制备的探针作为分子探针的"金标准",因为这些核素标记的分子探针中标记物与体内内源性核素化学和生物性质并无本质的区别。采用^{99m}Tc 标记获得探针就不如^{11}C 和^{18}F 获得探针的可信度高,这也是研究者对正电子核素或探针(示踪剂)特别重视的原因之一。同样,采用钆、铁等制备的磁共振分子探针生物学可信度就低于采用^{1}H、^{11}C、^{13}C、^{15}O 和^{18}F 标记获得的探针。因为钆、铁(外源性)获得的探针容易改变标志物的化学和生物学特性,特别是对于小分子的分子探针。

3) 生物信号的放大

由于分子探针的浓度只有纳摩尔(nanomolar)至皮摩尔(picomolar)水平,SPECT、SPECT-CT、PET、PET-CT 和光成像在此浓度水平能够获得高质量图像。然而,对于 MRI 来讲,即使高浓度成像其信号也非常小,需要成像前在体内及体外增强信号以获得能够接受的图像质量。正是由于分子影像成像从生物体内获得信号非常微弱,所以要获得高质量分子影像就需要对从分子探针获得的生物信号进行放大。对分子探针获得信号放大是分子影像成像设备设计中非常重要的部分。

1.2.2 分子影像仪器

目前常见的分子影像设备有 PET、SPE－CT、MRI 及荧光分子成像设备。

MRI 是时间和空间分辨率最佳的分子影像设备,而 PET、SPECT 是最具灵敏度的分子影像设备。由于探测原理的不同,PET 系统灵敏度和分辨率均优于 SPECT。PET－CT 不只是简单的 PET 加 CT,它和 PET 有很大区别,主要表现在时间分辨率和空间分辨率都明显高于 PET。荧光分子成像设备具有高灵敏度和高分辨率。但由于荧光的穿透性差,仅仅只能浅表成像。不难看出,MRI、荧光分子成像仪、SPECT、PET 及 PET－CT 设备各有所长,MRI 的分辨率高优势明显,PET－CT、荧光分子成像仪和 SPECT 的灵敏度高是其优点。

SPECT、PET 的原理可简单总结如下:① 利用放射性核素标记的示踪剂引入体内;② 被特定的生物组织摄取,定位、定性、定量反映体内代谢情况;③ 通过显像设备,设定显像条件及操作程序,进行探测显像;④ 分析活体内示踪剂分子行为。例如,脱氧葡萄糖 FDG＋发射正电子的 $^{18}F＝^{18}F－FDG$,静脉注入后,通过毛细血管壁进入组织。对不同的示踪剂,有些直接参与体内代谢,有些则被限制在某些特定的组织区域。由于示踪剂在体内的分布与代谢过程是动态的,所以体内各组织部位的示踪剂浓度是不断变化的。在示踪剂注入体内后的整个过程中,都可使用扫描仪在体外探测示踪剂发出的辐射信号,从而确定示踪剂在体内的位置,由此得到示踪剂在体内的代谢过程与分布图像。

SPECT 与 PET 的区别主要有以下几点:① 放射性核素:SPECT 为 ^{99m}Tc、^{131}I,PET 为 ^{15}O、^{11}C、^{13}N、^{18}F 等人体基本元素;② 探测信号: SPECT 为单光子,PET 为双光子;③ 空间定位:SPECT 通过准直器, PET 通过探测电路;④ 空间分辨率:SPECT 为 8～12 mm,PET 为 3～5 mm;⑤ 灵敏度:PET 灵敏度大于 SPECT;⑥ 扫描时间:PET 扫描时间长于 SPECT。两者的示踪原理如图 1－5 所示。

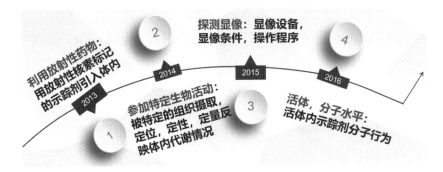

图 1-5　SPECT 与 PET 示踪原理示意图

1.3　活体动物成像技术简介

　　活体动物体内成像技术是指应用影像学方法,对活体状态下动物的生物过程进行组织、细胞和分子水平的定性和定量研究的技术。活体动物体内成像技术主要分为可见光成像(optical imaging)、核素成像(radionuclear imaging)、MRI、超声成像、CT 五大类,其中可见光成像和核素成像特别适合研究分子、代谢和生理学事件,通常称为功能成像;超声成像和 CT 则适合于解剖学成像,通常称为结构成像。

　　功能成像与结构成像比较,前者更能够反映细胞或基因表达的空间和时间分布,从而可以了解活体动物体内的相关生物学过程、特异性基因功能和相互作用。所以,活体动物体内功能成像技术可用于观察和追踪靶细胞、基因的表达,同时检测多种分子事件,优化药物和基因治疗方案,从分子和细胞水平对药物疗效进行观察,从整体动物水平上评估疾病发展过程,对同一个动物进行时间、环境、发展和治疗影响跟踪。

　　由于功能成像的诸多优势,这项技术广泛应用于生命科学、医学研究及药物开发等方面,下面重点介绍活体动物可见光成像技术。

1.3.1　可见光成像

　　活体动物体内光学成像主要采用生物发光与荧光两种技术。生物发光是用荧光素酶(luciferase)基因标记细胞或 DNA,而荧光技术则采用绿色荧光蛋白（green fluorescent protein，GFP）、红色荧光蛋白（red fluorescent protein，RFP）等荧光报告基因和异硫氰酸荧光素（fluorescein isothiocyanate，FITC）、菁类染料（cyanine，CY）等荧光素及量子点（quantum dot，QD）进行标记。小动物活体成像技术是采用高灵敏度制冷电荷耦合器件（charge coupled device，CCD）配合特制的成像暗箱和图像处理软件，使其可以直接监控活体生物体内的细胞活动和基因行为。实验者借此可以观测活体动物体内肿瘤的生长及转移、感染性疾病发展过程、特定基因的表达等生物学过程。由于具有更高量子效率CCD的问世，使活体动物体内光学成像技术具有越来越高的灵敏度，对肿瘤微小转移灶的检测灵敏度极高；另外，该技术不涉及放射性物质和方法，非常安全。因其操作极其简单、所得结果直观、灵敏度高、实验成本低等特点，在刚刚发展起来的几年时间内，就广泛应用于生命科学、医学研究及药物开发等方面。

1995年，科学家首次在活体哺乳动物体内检测到细菌荧光素酶样系统（由荧光素酶基因和其底物合成酶基因组成）的病原菌，在不需要外源性底物的情况下，发出持续的可见光。1997年，科学家又观察到表达荧光基因的转基因小鼠，注入底物荧光素（luciferin）后，荧光素酶蛋白与荧光素在氧、镁离子（Mg^{2+}）存在的条件下，消耗腺嘌呤核苷三磷酸（ATP）发生氧化反应，将部分化学能转变为可见光能释放。由于这种生物发光现象只有在活细胞内才会发生，而且，发光强度与标记细胞的数目成正比，因此，已被广泛应用于在体生物光学成像的研究中。

荧光素酶的每个催化反应只产生一个光子，通常肉眼无法直接观察到，而且光子在强散射性的生物组织中传输时，也会发生吸收、散射、反射、透射等大量光学行为。因此，必须采用高灵敏度的光学检测仪器（如CCD）才能采集到，并定量检测出生物体内所发射的光子的数量，然后将其转换成图像。

1.3.2　小动物核素成像

PET和SPECT是核医学两种显像技术。临床PET、SPECT显像效果欠佳，分辨率较低（临床PET分辨率为4～8 mm），无法满足小动物显像研究的要求。小动物 PET、SPECT 专为小动物实验而设计,探测区域小,空间分辨率很高,可达 1.0 mm;有些动物 PET 使用活动的扫描架(见图 1 - 6),不只适合小动物,也适合中等大小的动物。PET 与 SPECT 相同之处是都利用放射性核素的示踪原理进行显像,皆属于功能显像。除了一般分子成像技术都具有的无创伤、同一批动物持续观察的优点外,小动物 PET - SPECT 与其他分子显像方法相比,还具有以下显著优势:一是具有标记的广泛性,有关生命活动的小分子、小分子药物、基因、配体、抗体等都可以被标记;二是绝对定量;三是对于浅部组织和深部组织都具有很高的灵敏度,能够测定感兴趣组织中皮摩尔甚至飞摩尔数量级的配体浓度,对于大鼠的检测很方便;四是可获得断层及三维信息,实现较精确的定位;五是小动物 PET - SPECT 可以动态地获得秒数量级的动力学资料,能够对生理和药理过程进行快速显像;六是可推广到人体。

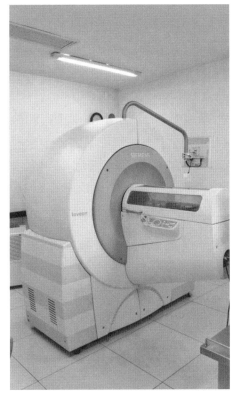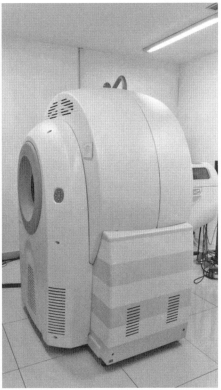

图 1 - 6　用于扫描小动物的 PET - CT 机

1.3.3　小动物磁共振成像

MRI 依据所释放的能量在物质内部不同结构环境中不同的衰减,绘制出物体内部的结构图像。相对于 CT,MRI 具有无电离辐射性(放射线)损害、高度的软组织分辨能力,以及无须使用对比剂即可显示血管结构等的独特优点。对于核素和可见光成像,小动物 MRI 的优势是具有微米级的高分辨率及低毒性;在某些应用中,MRI 能同时获得生理、分子和解剖学的信息,这些正是核医学、光学成像的弱点。对于小动物研究,小动物 MRI 是一个功能强大、多用途的成像系统,但是 MRI 的敏感性较低(微克分子水平),与核医学成像技术的纳克分子水平相比低几个数量级,所以它不是最理想的成像系统。随着多模式平台的发展,如 MRI–PET,可以从一个仪器中得到更全面的信息。最近,动物 MRI 发展的焦点集中在新的增强对比因子,以增加敏感度和特异性。增强对比因子分为非特异性的、靶向性的和智能性的。非特异探针(如螯合态钆)显示非特的分散模式,用于测量组织灌注率和血管渗透率;靶向探针(如钆标记的抗生物素蛋白和膜联蛋白顺磁性氧化铁颗粒)被设计成特异性配体(如多肽和抗体),如近年研制的超小型超顺磁性氧化铁粒子(ultrasmall superparamagnetic iron oxide,USPIO)可用于标记癌细胞、造血细胞、干细胞、吞噬细胞和胰岛细胞等,在体外或体内标记后进行体内跟踪,了解正常细胞或癌细胞的生物学行为或转移、代谢的规律;膜联蛋白 V 顺磁性氧化铁颗粒被用来检测凋亡细胞,因为凋亡细胞磷脂酰丝氨酸暴露在细胞表面,导致与其有高特异性结合的膜联蛋白 V(Annexin V)的摄取增加。智能探针与靶向探针一样有一特异靶点,但不同的是,在和特异配体作用以后,探针信号才改变,才可以被检测出。目前,MRI 分子影像图像仅仅局限于临床前期的动物研究中,从 MRI 分子影像到真正的临床分子影像图像还有很远的距离,必须设计新的分子探针来适应临床诊断和治疗的需要。

1.3.4　其他

1) 小动物超声成像

超声基于声波在软组织传播而成像,由于其无辐射、操作简单、图像直观、价格便宜等优势,在临床上广泛应用。在小动物研究中,由于所达到组织深度的限制和成像的质量容易受到骨或软组织中空气的影响而产生假象,所以超声不像其他动物成像技术那样应用广泛,应用主要集中在生理结构易受外界影响的膀胱和血管,此外小动物超声在转基因动物的产前发育研究中有很大优势。

2) 小动物 CT 成像

CT 利用组织密度的不同造成对 X 射线透过率不同,对机体一定厚度的层面进行扫描,并利用计算机重建三维图像。小动物 CT(Micro CT)作为一种最新的 CT 成像技术,具有微米量级的空间分辨率(大于 9 μm),并可以提供三维图像。大多数系统使用圆锥形的 X 射线辐射源和固体探测器。探测器可以围绕动物旋转,允许一次扫描动物整体成像 CT 的视野探测器是决定 CT 分辨率水平的关键部件,小动物 CT 能达到不同的分辨率(15~90 μm),其应用范围很广;专门用于体内研究的仪器的最佳分辨率是 50~100 μm,虽然分辨率低但可降低辐射剂量,加快研究进展,使长期纵向研究得以顺利进行。在分辨率为 100 μm 时,对整个小鼠进行一次扫描大约需 15 min,更高分辨率需要更长时间的扫描。小动物 CT 系统在小动物骨和肺部组织检查等方面具有独特的优势。对于骨的研究,分辨率限制在 15 μm,如果在小梁水平上分析,负荷也被考虑在内;小动物 CT 也常应用在呼吸系统疾病(如哮喘、慢性阻塞性肺疾病)的检测,为避免呼吸和其他人为因素造成的动物固定器移动,现在多用附加组件来控制呼吸,使人为因素最小化;特异对比因子的使用可以进一步促进软组织的研究,如心血管病发生、肿瘤生长等。高分辨率小动物 CT 系统在研究软组织肿瘤和转基因动物的特征性结构上取得了较好的效果。第一代小动物 CT 的主要缺点是,即使使用特异对比因子、高辐射剂量和长时间的扫描,对软组织的相对分辨率仍很低。第二代小动物 CT 系统组合了很多在临床上使用的技术,配置了小探测器组件和更强大的 X 射线管,可更快地扫描整个动物(0.8 s),可使用临床对比剂(造影剂),而且使灌注研究成为可能。此外,使用碘酸盐造影剂显著地改善了图像的对比度,能够看清更小直径的血管(20 μm)。这项技术主要的不足是小动物必须暴露在电离辐射下,特别是持续反复的研究,电离辐射可能改变肿瘤学等方面的研究。为了使CT具有分子成像能力,人们设计出了特异CT探针,在CT扫描时同时使用探针。遗憾的是,对比剂的使用导致射线的危害,因为敏感度和空间分辨率也依赖于CT暴露的时间和对比剂使用的数量。

综上所述,一部动物活体成像技术发展史,就是一部现代医学乃至现代科技的创新发展史。未来小动物活体成像技术将要求成像系统能够绝对定量、分辨率高、标准化、数字化、综合性强,在系统中对分子活动敏感并与其他分子检测方式互补和整合。小动物活体成像技术必将在生命科学、医药研究中发挥越来越重要的作用。

参考文献

［1］Weissleder R. Molecular imaging：exploring the next frontier[J]. Radiology，1999，212(3)：609-614.

［2］潘中允. PET诊断学[M]. 北京：人民卫生出版社,2000.

［3］唐孝威. 分子影像学导论[M]. 杭州：浙江大学出版社,2005.

［4］Weissleder R，Mahmood U. Molecularimaging[J]. Radiology，2001，219(2)：316-333.

［5］Fournier M. The fabric of life：the rise and decline of seventeenth-century microscopy[M]. Baltimore：Johns Hopkins University Press，1996.

［6］马宝钿. 显微镜的发展及其用途简介[J]. 稀有金属材料与工程,1988,5：58-60.

［7］余薇,胡佑伦,刘昌慧. 医学超声成像技术方法学进展[J]. 北京生物医学工程,2001,20(3)：225-228.

［8］张敏燕,王殊轶,严荣国,等. 正电子发射计算机断层显像/核磁共振：分子影像学技术新进展[J]. 中国组织工程研究,2013,9：1687-1694.

［9］Minn A J，Gupta G P，Siegel P M，et al. Genes that mediate breast cancer metastasis to lung[J]. Nature，2005，436(7050)：518-524.

［10］Tavazoie S F，Alarcon C，Oskarsson T，et al. Endogenous human microRNAs that suppress breast cancer metastasis[J]. Nature，2008,451(7175)：147-152.

第 2 章

小动物活体可见光成像技术原理

　　小动物活体可见光成像也称为体内可见光成像(optical in-vivo imaging)，是活体动物体内成像的一种常用的定性和定量方法。其利用荧光素酶基因(luciferase)或荧光蛋白等标记物，采用高灵敏的电荷耦合器件(charge-coupled device，CCD)相机，在特制成像暗箱内拍摄，并通过专业图像处理软件，可从细胞水平和分子水平监测靶细胞的活动、基因的表达，适用于研究分子水平的代谢和生理学过程，也被称为功能成像。

　　体内可见光成像技术主要包括生物发光(bioluminescence)与荧光(fluorescence)成像两种技术。

　　生物发光成像是用荧光素酶(luciferase)基因标记细胞或 DNA，利用其产生的蛋白酶与相应底物发生生化反应产生生物体内的探针光信号；而荧光成像则是采用荧光报告基因(如 GFP、RFP)或 cyt 及 dyes 等荧光染料进行标记，利用荧光蛋白或染料产生的荧光，就可以形成体内的荧光光源。前者是动物体内的自发光，不需要激发光源，可通过高度灵敏的 CCD 直接捕捉光信号，而后者则需要外界激发光源的激发才可以捕捉发光信号。传统的动物实验方法需要在不同的时间点解剖实验动物以获得数据，得到多个时间点的实验结果。相比之下，体内可见光成像技术则可以通过对同一组实验对象在不同时间点进行记录，跟踪同一观察目标(标记细胞及基因)的移动及变化，所得到的数据也更加真实可信。另外，这一技术由于不涉及放射性物质，具有操作简单、所得结果直观、灵敏度高等特点，在刚刚发展起来的几年时间内，已广泛应用于生命科学、医学研究及药物开发等方面。

2.1　生物发光成像原理

生物发光是指生物发光器在细胞或生物体内发生光能释放反应的过程,是由生物体所产生的自发光现象,所需的激发能量来自生物体内的酶促反应,不需要激发光源。催化此类反应的酶称为荧光素酶。常用方法是构建荧光素酶基因的表达载体转染目标细胞,并移植到受体的靶器官中,观察时注入外源荧光素,目标细胞内即可发生反应产生荧光,然后再利用高敏感度活体生物光学成像系统即可实现生物发光的检测。近年来,随着光能检测仪器的不断进步,尤其是仪器灵敏度的提高,生物发光系统在生命科学研究领域中的应用不断扩大,在病原或病原成分的检测、分子与分子之间相互作用的分析以及病原或细胞在机体内的动态分布规律的观察等方面都发挥了非常重要的作用。

2.1.1　生物发光的发展历史

从亚里士多德(Aristotle)的年代起,就有很多科学家对生物发光现象作出了描述和分析。

1647 年,托马斯·巴托林(Thomas Bartholin)首次在书中提出了生物体发光的概念。

生物发光研究的转折点是著名的杜波依斯实验。1885 年,法国生理学教授拉斐尔·杜波依斯(Raphael Dubois)发现,一种叫作叩头虫(pyrophorus)的甲虫,死后腐烂的尸体仍然可以发光。杜波依斯先用冷水将叩头虫的发光组织在试管里匀浆,发现抽提物在短暂发光后变暗。他用沸水取得的组织抽提物则完全不发光,令他惊讶的是,当冷却的热水抽提物被加入已经停止发光的冷水抽提物时,混合物居然再度发光。若想让冷水抽提物持续发光,就需要不断补加冷却的热水抽提物。杜波依斯随后在其他包括萤火虫在内的发光生物中得到了相似的实验结果,于是他得出了两个重要结论:① 生物发光反应除了氧气之外,至少还需要两个化学组分;② 发光反应中的"燃料"组分可以耐受沸水的高温,而"点燃剂"或催化剂不耐热。杜波依斯决定借用来自罗马神话的拉丁词 lucifer（字面意思是"光之使者"）来命名这两个组分：不耐热的催化剂名为荧光素酶（luciferase），而耐热的小分子则名为荧光素（法语：luciferine，英语：luciferin）。发光的机理是，由荧光素酶作为酶催化底物分子荧光素，经过化学反应后产生荧光。这个实验开创了生物发光研究的先河，也是早期"荧光素-荧光素酶"理论体系的基础。1900 年，巴黎国际博览会上，杜波依斯用 6 只装有发光细菌的玻璃瓶照亮了整个房间，进入房间的人甚至还可以用这样的光线看报纸。

生物发光对于陆生物种而言并不常见，而在深海里却有超过 90％的海洋生物能够发光。在阳光无法到达的深海下面，会发光的动物在寻找食物、逃避敌害和吸引配偶上拥有明显的优势。在大致阐明萤火虫的发光机理之后，很多科学家就把目光转向海洋发光生物，其中最有名的就是美国动物学家 E. 牛顿·哈维（E. Newton Harvey）教授。

1916 年，哈维发现一种叫作希氏弯喉海萤（vargula hilgendorfii）的发光海洋生物。这种生物在抽干水分后可以长期保存，用水润湿后又能发光。哈维实验室发现海萤的发光系统比萤火虫要简单，只需荧光素、荧光素酶、氧气。1935 年，哈维教授领导他的团队从水母混合物中分离浓缩出 Cypridina 荧光素，但是这种荧光素的纯度仍然没有达到能用于结晶的标准，努力钻研了二十多年也无法获得其结晶。没有高纯度的荧光素，他们就无法通过确定其分子结构来深入研究海萤发光的化学机理。

1935 年，哈维实验室的鲁伯特·安德森（Rubert Anderson）发明了两步抽提法，可以将这个很不稳定的荧光素部分纯化 2 000 倍左右，并通过吸收光谱推测出其分子结构中有氨基酸的组分。

1947 年，麦克尔罗伊·W. D.（Mcelroy W. D.）用北美洲萤火虫作材料进行研究，发现生物体发光需要 ATP 参加。

1952 年，斯特勒（Strehler）和托特尔（Totter）首次使用荧光素酶粗制品来检测 ATP。同年，哈维研究发现，萤火虫发冷光的颜色是不同的，这是因为不同种的萤火虫含有不同类型的荧光素-荧光素酶系统。

1954 年，麦克尔罗伊等从哈氏弧菌中提取、纯化得到细菌荧光素酶。

1956 年，格林·A. A.（Green A. A.）等提取出萤火虫体内的荧光素酶。

1956年,日裔美国海洋生物学家下村修通过实验得到红色的针状晶体,这些晶体通过与海萤的荧光素酶提取液混合后可以发光,正式宣告荧光素结晶取得成功。下村修分离纯化并结晶出荧光素,树立了荧光素结构与功能研究的里程碑。他的工作被哈维的学生关注,并邀请其开始了他们具有划时代意义的合作。

1961年,下村修偶然发现钙离子可能对水母素的发光有至关重要的作用。很快,他们发现了水母素钙依赖的荧光发射体系,证明了钙离子能增强水母素的荧光。

1967年,弗里德兰(Friedland)等对从费氏弧菌中提取得到的荧光素酶的结构和反应原理进行分析。

1970年,登伯格(Denburg)等第一次测定出萤火虫荧光素酶的构成。

20世纪70年代后,由于分子遗传学的快速发展,基因克隆技术得到了普遍应用。

1985年,德维特(Dewet)首次克隆了具有活性的北美萤火虫的荧光素酶基因,并在大肠杆菌中成功表达。1986年,他们测定了荧光素酶基因的cDNA序列。

1986年,马琳(Marlene)等首次成功获得能够表达萤火虫荧光素酶基因的转基因烟草。杰弗里(Jeffrey)构建了含荧光素酶的重组载体pkw101。

荧光素酶的应用和发展进入了一个崭新的时代。此后,科学家们对荧光素酶的活性部位、酶基因的结构、克隆、重组和转移做了大量深入的研究。荧光素酶在生物医学研究中的应用随着分子生物学的发展而取得重要进展。

1995年,康塔格(Contag)首次检测到含Lux操纵子的病原菌在活体小动物体内发出的可见光,该操纵子由荧光素酶基因和其底物合成酶基因组成,在不需要外源性底物的情况下,可以发出持续的可见光。1997年,他又观察到表达荧光素酶基因的转基因小鼠,注入底物荧光素后,荧光素酶蛋白与荧光素在氧、Mg^{2+}离子存在的条件下消耗ATP发生氧化反应,将部分化学能转变为可见光能释放。自此,荧光素酶开始被广泛应用于小动物成像技术。

我国对于荧光素酶的研究起步较晚,20世纪70年代中国科学院上海植物生理研究所王维光等获得萤火虫荧光素酶的粗提物,1988 年第二军医大学陈克明等从我国特有的中华黄萤发光器中纯化出荧光素酶。目前,我国对荧光素酶的研究与应用也在不断发展之中。

随着对亚细胞结构和功能、分子生理和病理、细胞间和细胞内信号通路研究的深入,人类对疾病和对生命本质的认识不断被追溯到蛋白质、基因水平。在 20 世纪发展起来的 CT、MRI、PFT、超声等宏观影像技术已经远不能满足对活体环境内细微生命过程的探寻。组织切片和免疫染色能够部分解释一些生物现象,但是需要研究对象与活体组织的分离,所得结果与其在活体内的发生机制难免有所偏离,甚至完全相反。荧光染料(fluorescent dye)能对多种细胞共价标记并进行活体显像,但多被限制于体外培养的细胞,其化学毒性和对活体内环境的化学干扰使其在活体应用方面受到极大限制。

生物发光属于化学发光范畴,它是因为生物自身具有由发光细胞构成的发光器而发光。目前应用最为广泛的是由荧光素酶反应而产生的荧光。荧光素酶是生物体内产生的一种生物反应蛋白质,主要见于萤火虫、水母和一些细菌。不同来源的荧光素酶的生物学特性也不同。荧光素酶作为具有生物活性的蛋白质,在活体内无毒、无放射损伤、可代谢、可穿过各种膜屏障。它们的编码基因片段小,可以被融合标记绝大多数蛋白质和细胞,甚至可以对整个生物体进行全身背景标记。在不影响生物体任何结构和功能的前提下,这些荧光基团配合外部检测设备可以对各种体内生物现象进行实时活体显像。近年来,多种生物发光方法已经广泛应用到生命科学的各个领域,例如转基因表达的跟踪、疾病感染过程的观察、肿瘤生长和转移、移植、毒理学、病毒感染以及基因治疗方面的研究等。

2.1.2　生物发光的原理

生物发光是生物体产生的发光现象,所需的激发能量来自生物体内的酶促反应,不需要激发光源。生物发光过程本质是一种化学反应。催化此类反应的酶称为荧光素酶。生物体内的荧光素酶催化相应的底物发生化学反应,发出波长范围为 500～700 nm 的生物光。荧光素或荧光素酶不是特定的分子,而是对所有能够产生生物发光的底物和其对应的酶的统称。不同的能够控制发光的生物体用不同的荧光素酶来催化不同的发光反应。

荧光素酶是生物体内催化荧光素或者脂肪醛氧化发光的一类酶的总称。荧光素酶可以从发光细菌、发光萤火虫、发光海星等中提取出来。目前研究较为广泛和成熟的是细菌荧光素酶和萤火虫荧光素酶。

在小动物活体成像技术中,哺乳动物生物发光是通过将荧光素酶基因整合到受体细胞内得到稳定表达荧光素酶的细胞株,并移植到受体动物的靶器官中而实现的。在 ATP 及氧气存在时,外源(腹腔或静脉注射)给予底物荧光素或腔肠素,荧光素酶催化底物进行反应而发光。只有在活细胞内才会产生发光现象,并且光的强度与标记细胞的数目成正比。荧光素酶的每个催化反应只产生一个光子,这是肉眼无法直接观察到的,通常需要利用高敏感度活体生物光学成像系统实现生物发光的检测。

2.1.2.1 萤火虫荧光素酶

萤火虫荧光素酶(firefly luciferase,Fluc)由单一的多肽链组成,该酶不需要转录后修饰即有活性,无二硫键,不需要辅助因子和结合金属,几乎可以在任何宿主中表达。从不同种类的萤火虫体内提取到的萤火虫荧光素酶的相对分子质量和结构有一定差异。如从北美萤火虫体内提取的荧光素酶含有 551 个氨基酸残基,相对分子质量约为 6.2×10^4,从日本萤火虫体内提取的荧光素酶含有 548 个氨基酸残基,相对分子质量约为 6.1×10^4。

萤火虫荧光素酶催化的发光反应底物是萤火虫荧光素(firefly luciferin),该反应必须有三磷酸腺苷(adenosine triphosphate,ATP)、Mg^{2+},以及氧气的参与。在 ATP、Mg^{2+} 与氧气存在的条件下,底物虫荧光素可在荧光素酶的催化下由还原型转化成氧化型,形成高能态中间物质,由高能态中间物质回到基态时,产生绿光,波长为 $540 \sim 600$ nm。影响荧光素酶发光强度的因素包括 ATP、荧光素、氧气、Mg^{2+} 的浓度、pH 值及反应温度等。

2.1.2.2 细菌荧光素酶

细菌荧光素酶(bacterial luciferase,Bluc)是由 α、β 两个多肽亚基组成的异源二聚体,相对分子质量约为 7.9×10^4。细菌荧光素酶反应的催化位点和底物结合位点都位于 α 亚基上，β 亚基对这个活性结合是必需的，但 β 亚基的具体作用现在还未知。

细菌荧光素酶催化的发光反应是由特异性的荧光素酶、还原性黄素（$FMNH_2$）、八碳以上长链脂肪醛（RCHO）以及氧分子共同参与的复杂反应，可在 450～490 nm 时发出蓝绿光。在反应中，反应底物 $FMNH_2$、RCHO 和产物 FMN 都结合在 α 多肽亚基的有限区域上，β 亚基的作用可能仅仅是为了维持 α 亚基的活性。研究中还发现，在 RCHO 缺乏的情况下，荧光素酶也可以催化 $FMNH_2$ 和氧分子反应，但只能发出非常微弱的光。反应中的 FMN、RCHO、氧分子、pH 值和反应温度都会影响细菌荧光素酶的发光强度。

2.1.2.3　其他荧光素酶

其他用于科研的还有海肾荧光素酶（renilla luciferase，Rluc），于 1973 年从海洋中珊瑚虫类肠腔动物海肾中被提取到。海肾荧光素酶的底物是腔肠素，反应不需要 ATP 的参与，但需要氧分子，波长在 460～540 nm 时发出蓝光，在体内的代谢较快。Rluc 催化效率较低，光子的产生量远低于 Fluc，但由于 Fluc 和 Rluc 的底物不同，由两者组成的双报告荧光酶系统得到广泛应用，其中 Fluc 多作为报告基因，而 Rluc 多作为内参对照。

目前最常用于实验动物的生物发光系统是北美萤火虫荧光素酶和海肾荧光素酶及其底物。Fluc 和 Rluc 的底物分别是荧光素和腔肠素。前者的荧光波长为 540～600 nm，组织吸收和散射较少，而后者荧光波长为 460～540 nm，组织吸收多且体内代谢快。因此很多活体实验采用 Fluc 作为报告基因，而 Rluc 作为发光强度的标准参照。不仅如此，两种底物对细胞膜的通透性也不一样，Fluc 的水溶性和脂溶性都非常好，易穿透细胞膜或血脑、胎盘屏障；而 Rluc 在胞浆内被一种广谱耐药糖蛋白 MDR1 识别并转运至胞外，因此很难达到细胞浆内。

2.1.3　生物发光的特点

荧光素酶是一类具有生物活性的蛋白质，在活体内具有无毒、无放射损伤、半衰期短（3～4 h）、可穿过各种膜屏障等特点。它们的编码基因片段小,可以与绝大多数蛋白质基因融合表达于大多数细胞中,甚至可以对整个生物体进行全身背景标记。借助外部检测设备可以对各种体内生物现象进行实时活体显像,不会影响生物体任何结构和功能,具有检测快、灵敏度高、稳定性好、线性范围广等优点。

荧光素酶产生的生物发光是由于荧光素酶与底物的特异作用而发光,特异性极强。在检测过程中不需要激发光,能够避免由激发光产生的动物皮毛、组织和粪便的自发荧光干扰,动物本身没有任何自发光,使得生物发光具有极低的背景、极高的信噪比。另外,由于荧光素酶基因在细胞内是插入染色体中进行表达的,因此单位细胞的发光数量是稳定的,生物发光信号可精确定量。

生物发光技术也有一定的不足,如底物荧光素标记细胞和信号检测对操作技术和设备要求较高。此外,由于荧光素酶催化底物发生的反应是依赖氧气的过程,因此在缺氧组织中的报告基因往往会出现明显的失真现象。而且目前这种技术仅在小鼠的实验中应用较多,对于体型较大的动物还需要将组织器官分离后再进行仪器检测。

2.1.4 底物荧光素的特点

荧光素由于诸多优点得到广大科研人员的青睐,主要特点如下:

(1) 荧光素不会影响动物的正常生理功能。

(2) 荧光素是相对分子质量为 280 的小分子,水溶性和脂溶性都非常好,很容易穿透细胞膜和血脑屏障。

(3) 荧光素在体内扩散速度快,可通过腹腔注射或尾部静脉注射进入动物体内。腹腔注射扩散较慢,持续发光长。荧光素腹腔注射老鼠约 1 min 后表达荧光素酶的细胞开始发光,10 min 后强度达到稳定的最高点,在最高点持续 20~30 min 后开始衰减,约 3 h 后荧光素排出,发光全部消失,最佳检测时间是在注射后 15~35 min。若进行荧光素静脉注射,则扩散较快,但发光持续时间很短。科研人员根据大量的实验总结出荧光素合适的用量是 150 mg/kg,即体重 20 g 的小鼠需要 3 mg 的荧光素。

(4) 观察时间的间隔没有最短限制,只要观察的条件控制一致就可以。虽然底物在动物体内有一定的代谢过程,但是由上一次底物的残留曲线可以知道,可以控制对下一次观察结果的影响。

2.2　荧光成像原理

荧光(fluorescence)是一种普遍存在于自然界的发光现象,其生成过程涉及光的能量转换和分子内部能级跃迁等物理化学过程。当荧光物质受到特定波长(通常为紫外线或 X 射线)的光照射后,能量被吸收并使分子激发到高能态,此时分子内部的电子云处于不稳定状态。随着分子内部电子云逐渐恢复到基态,能量以光子的形式被释放出来,这种光子即为荧光。

荧光成像(fluorescence imaging)是一种基于荧光现象的技术,利用物质在激发光的照射下产生的荧光,来实现对体内物质的定量、动态、非损伤性监测。其中,绿色荧光蛋白(GFP)、红色荧光蛋白(RFP)等荧光基团是常用的发光材料。在进行体内成像观察时,近红外荧光被广泛认为是最佳的成像选择,因为红光的穿透性比蓝绿光的穿透性效率高。当物质受到激发光的照射后,能级会从高能态跃迁到低能态,释放出较长波长的荧光光子,从而实现对体内物质的监测。荧光成像已广泛应用于生物医学领域,因其具有如下多方面的优势。

(1)高灵敏度:由于荧光辐射的波长比激发光的波长长,因此测量到的荧光频率与入射光的频率不同。此外,荧光是发射光谱,可以在与入射光成直角的方向上检测,从而避免了来自激发光的本底干扰,与紫外-可见吸收光谱相比具有更高的灵敏度。

(2)多样品同时成像:荧光成像可以同时检测多组样品,通过不同发射波长的荧光素标记(如 Cy3 或 Cy5 等),可以实现多组样品一次成像。

(3)稳定性高:与放射性同位素相比,荧光素标记的抗体、杂交探针、PCR 引物等的信号稳定性优势明显,可稳定存在数月以上,这使大规模标记并多阵列之间的标准化比较成为可能。

(4)低毒性:荧光标记物具有低毒性,在荧光标记和检测实验过程中,实验者使用手套即可充分保护个人安全。这也使得荧光成像的实验条件更加灵活和方便,能够在更广泛的实验环境中使用。

（5）低成本：荧光成像不需要昂贵的放射性同位素，较使用放射性同位素的成像方法成本更低；同时，所需要的设备相对简单，通常只需要荧光显微镜或者荧光成像仪即可。

（6）非侵入性：相对于其他成像技术如 CT、MRI 等需要进行手术操作和注射对比剂，荧光成像技术对被成像的生物体是非侵入性的，因此不会对被成像样品造成伤害和影响。

目前，大部分高水平的研究仍然采用生物发光方法来研究活体动物体内成像。生物发光技术因其具有高灵敏度和快速响应的特点，常用于活体动物体内成像研究。然而，荧光成像相比生物发光技术有多项优势，例如荧光标记靶点多样，可以通过不同的荧光素标记同时检测多个样品的荧光信号，实现多组样品一次成像。同时，荧光标记的抗体、杂交探针、PCR 引物等的信号稳定性高，可以稳定存在数月以上，且实验成本低于生物发光技术，易于运输和实验后处理。此外，荧光成像技术在观察活体动物体内成像方面也具有广泛应用的优势，因为荧光成像非侵入性，可以直观地观察活体动物内部的生物学过程。研究人员可以根据实验要求和具体情况，选择合适的方法来研究问题。

2.2.1　荧光发光分子机制

荧光是由第一电子激发单重态所产生的辐射跃迁而伴随的发光现象。一种物质受到能量激发后，在非辐射过程中退激发并放出荧光光子，这种退激发过程是由于分子被激发后能量的损失通过非辐射过程被释放出来，而激发态和基态之间存在一定的能量差。

1）荧光产生机制

荧光产生的机制如下。

（1）激发作用：当分子受到激发能量后，其电子从基态跃迁到高能激发态，此过程称为激发。

（2）振动弛豫：在分子被激发到激发态后，其处于一个不稳定的状态，分子内部的振动和旋转会发生变化，分子中的电子也会从高能量态向低能量态跃迁，以释放其多余的能量。在同一电子能级内，分子中的振动能和旋转能可以通过热能量的交换而发生转移，电子会跃迁到相邻的低振动能级上。这种振动能级间的跃迁过程在分子被激发后发生,持续时间为 10^{-12} s,随后荧光分子会发射出光子,回到基态。

（3）内部转换：当分子受到光子激发时,能量会被转移到其内部的电子和原子核的振动、转动、电子自旋等多个运动模式中。分子通常会具有多种非辐射能量转移的损失机制,这些机制会使电子退激发到一个较低的能量级别(如第一单重态的振动水平)上。其中,内部转换是指激发态和基态之间的非辐射过程,使得分子处于较低的振动水平上,从而产生荧光。这些过程的持续时间为 $10^{-11}\sim10^{-13}$ s。

（4）外部转换：当激发分子与周围环境发生相互作用时,能量可以通过非辐射跃迁从激发态转移到溶剂分子或其他分子中。外部转换可以导致荧光减弱或猝灭,这种猝灭现象通常由分子间碰撞引起,也可能是由于分子的运动、扭曲或其他的分子构象变化导致的。

（5）系间跨越：系间跨越是分子内部的一种非辐射跃迁方式,发生在不同多重态之间,其能量差通常比较大,需要有重叠的转动能级来实现能量转移。其可以改变电子自旋状态,产生禁阻跃迁,其机制主要涉及自旋-轨道耦合过程。持续时间为 $10^{-2}\sim10^{-3}$ s。

（6）蛋白构象：分子周围的环境因素也可以影响分子的荧光性质,其中一个重要的环境因素是蛋白构象。这是因为蛋白质通常存在不同的构象状态,它们会影响分子周围的物理和化学环境。例如,蛋白的构象变化可能会引起荧光分子周围水分子的运动和排布方式的改变,从而影响荧光分子的荧光强度和荧光后分布。此外,蛋白质的某些位点可能会与荧光分子形成氢键或其他非共价作用,从而影响荧光分子的荧光强度和荧光后分布。因此,在进行荧光成像实验时,需要考虑蛋白质构象对荧光分子性质的影响,并对实验结果进行适当的校正。

（7）荧光发射：荧光发射是荧光现象中的一个重要步骤,它是指分子从激发态向基态退激并通过荧光发射的过程释放出能量,产生荧光光子的过程。

2）影响荧光强度的主要因素

影响荧光强度的主要因素包括荧光猝灭、温度、酸度和溶剂,以及表面活性剂。

　　(1) 荧光猝灭：荧光猝灭是指荧光信号的强度被抑制或消失的现象，包括自猝灭、电荷转移猝灭、转入三重态猝灭三种方式。

　　自猝灭是指荧光分子在激发态下，由于自身的性质而发生荧光辐射的各种过程，导致激发态能量被转化成非辐射能量损失，从而使荧光强度减弱或消失的现象。自猝灭又有以下几种情况：① 荧光辐射的自吸收：荧光辐射的自吸收是指荧光物质在受到激发后，发出的荧光光子被该分子内其他未被激发的分子吸收，使得该分子不能发出荧光信号，从而导致荧光猝灭。这种自吸收现象会随着荧光物质浓度的增加而增强，因为荧光物质分子之间的相互作用会变得更加显著。② 荧光物质的激发态分子与基态分子形成激发态的二聚体：荧光物质的激发态分子(M*)与基态分子(M)之间存在着一种称为二聚体(M*M)的激发态形态。这种二聚体的存在会引起荧光信号的猝灭现象。在这个过程中，激发态分子将其能量转移给基态分子 M，使其进入激发态并发生非辐射性能量转移，从而导致荧光信号的减弱或消失。这种猝灭现象在高浓度荧光物质的溶液中表现得尤为明显，因为高浓度会促进 M* 和 M 之间的相互作用和形成 M*M 二聚体。③ 基态的荧光物质分子的缔合：两个或多个荧光分子在接近时，由于分子间的相互作用力，发生分子间的结合或缔合。这种缔合过程会导致荧光分子之间的距离缩短，从而促进能量的传递和荧光猝灭的发生。

　　电荷转移猝灭机制如下：由于荧光物质分子的激发态分子 M 与另一分子 A 之间发生电荷转移，在这个过程中，分子 M 的一个电子被转移到分子 A，从而使得分子 M 退回到基态，而分子 A 则处于激发态。因为这个过程是非辐射性的能量转移，导致激发态分子 M 的能量不能通过荧光辐射的形式释放出来，从而导致荧光信号的猝灭。

　　转入三重态猝灭是指激发态荧光分子从单重态(S)跃迁至三重态(T)，并在三重态状态下发生非辐射性跃迁，使得荧光信号减弱或消失的现象。在 S 状态下，荧光分子的电子自旋对称性相同，而在 T 状态下，电子自旋对称性不同。因此，S 到 T 的跃迁通常需要通过分子轨道重叠或化学反应等非常规机制来实现。在某些情况下，电子从 S 状态直接跃迁到 T 状态，这种现象称为内部转换。转入三重态猝灭是一种不可逆的荧光猝灭方式,通常发生在激发态分子与其他分子之间的接触中。

(2) 温度、酸度和溶剂:在进行荧光实验时,需要根据具体实验条件选择适宜的温度范围。随着温度的降低,荧光物质分子的振动和转动会减小,从而使得分子的激发态寿命延长,非辐射跃迁的概率降低,荧光产率增加。当温度过低时,分子的振动会变得较小,导致分子的几何构型发生改变,荧光产率反而降低。

荧光物质的荧光产率通常与 pH 值有关,因为 pH 值的变化可以影响荧光物质的电荷状态、分子结构和溶解度等,从而影响其荧光性能。

氧气可以与荧光物质分子竞争吸收能量,从而导致荧光信号的猝灭。因此,在含氧气的环境中,荧光产率通常会下降。

荧光物质的化学结构可以影响其荧光产率。例如,一些分子中的羟基、氨基等官能团可以增强分子的荧光性能,而一些分子中的卤素原子等则会猝灭荧光信号。

荧光物质的溶剂环境可以影响其荧光产率。通常来说,极性溶剂中的荧光物质的荧光产率较高,而非极性溶剂中的荧光产率较低。

(3) 表面活性剂:表面活性剂是一类可以在水和油等非极性溶剂中形成胶束的化合物。它们可以通过增溶、增敏和增稳等作用影响荧光信号的产生和稳定性。

增溶作用:表面活性剂可以改善荧光物质在溶液中的溶解度,增强其荧光强度。这是因为表面活性剂的胶束可以包络荧光物质分子,减少其与溶剂分子之间的相互作用,从而增加荧光物质分子的自由度和运动性,提高其荧光量子产率。

增敏作用:表面活性剂分子与荧光物质分子之间的相互作用可以增加荧光物质分子的激发态寿命,从而增加其非辐射跃迁的概率,提高荧光量子产率。同时,表面活性剂的存在还可以增加荧光物质分子的吸收强度,从而提高其摩尔吸光系数 ε。

增稳作用:表面活性剂还可以提高荧光物质在溶液中的稳定性。其原理是通过胶束包括荧光物质分子,减少其与溶剂分子之间的相互作用,降低分子的化学反应速率和分解速率,进而提高荧光信号的稳定性。

2.2.2　动物活体荧光成像的基本原理

荧光分子成像(fluorescence molecular imaging，FMI)是指运用荧光显微镜等技术以可视化方式研究和分析大分子和细胞结构、功能及动态行为的过程。其原理是利用荧光染料在被激发后会发出特定波长的光的特性,通过荧光染料与生物分子的结合或细胞自身的荧光表达来达到成像的目的。荧光分子成像的步骤包括激发、荧光显微镜成像和荧光信号检测和分析。

(1) 激发:当荧光染料吸收特定波长的激光并被激发到激发态时,能量将被转移到荧光染料的电子上,使其跃迁到高能态。荧光染料吸收光子能量,并发出比吸收光更长的特定波长的荧光光子,这个荧光光子可以被用于检测和成像。

(2) 荧光显微镜成像:在荧光显微镜成像中,荧光染料被激发到激发态后发出荧光光子,并通过显微镜的物镜镜头形成荧光图像。荧光显微镜的光源通常是强度可控的激光和脉冲激光,这些光源能够提供足够的光强度和波长控制,以激发荧光染料并产生清晰的荧光图像。

(3) 荧光信号检测和分析:通过荧光显微镜和图像处理等技术,可以对荧光信号进行高灵敏度、高分辨率的检测和分析,得到亮度、位置、颜色等多种信息。这些信息能够揭示样品的分子分布、交互作用和代谢状态等重要生物学特征,为深入研究生命科学提供有力支持。

动物在体荧光成像(in vivo animal fluorescence imaging，IVAFI)技术是一种非侵入式、无创伤的生物成像方法,可用于观察和研究生物体内的生理和病理过程。动物体内标记有发光分子(如荧光探针或荧光标记的生物分子)的细胞或组织,通过外部激发器(如激光)的作用,在特定波长的光激发下发出荧光信号。该信号被高灵敏度的光学探测器捕捉并记录下来,形成图像,从而可视化小动物体内的组织结构和生物过程。

1) 动物活体荧光成像的关键因素

在动物活体荧光成像中,荧光探针或荧光标记分子的选择是非常关键的。选择的探针或标记分子应该具有较高的荧光量子产率和光稳定性,同时还需要具有对特定生物分子的高亲和力。

为了使荧光标记分子处于激发态,需要使用特定波长的激发光。在选择激发波长时,需要权衡激发效率和生物组织的损伤程度。具体而言,选择的激发波长应该能够最大限度地激发荧光标记分子的荧光信号,同时最小化对组织的潜在损伤。激发波长的选择取决于荧光探针的吸收光谱和组织的透明度。透明度是指组织对特定波长的光的穿透深度。对于深部成像,红光通常是首选,因为红光的穿透深度比其他波长更深,能够提高成像深度。此外,激发波长的选择还应该避免与其他荧光探针或自发荧光重叠,以提高成像信噪比。

荧光标记分子吸收激发光后,其电子会跃迁到一个高能态。当电子回到基态时,会通过非辐射跃迁(也称震动和转动的损失)释放出能量并产生一种荧光。荧光的波长通常比激发光的波长要长,因此需要使用相应的滤波器来隔离荧光信号,而滤波器会阻挡非荧光信号通过。荧光标记分子的荧光强度取决于其浓度、激发光的强度和波长、环境 pH 值、温度等多种因素。因此,在进行荧光成像之前,需要对这些因素进行严格控制和调整,以确保获得准确的成像结果。

2) 荧光成像仪器的基本构成和功能

荧光成像仪器通常由激发光源、滤波器和相机等组成部分构成,是进行荧光成像实验的基础工具。

激发光源是荧光成像的第一步,起到至关重要的作用。通常,LED 或激光器被用作激发光源,它们能够在特定波长范围内发射高强度的光线,从而激发荧光标记分子发出荧光信号。不同的荧光探针需要不同的激发波长,因此需要根据探针的吸收光谱选择合适的激发波长。

在荧光成像中,滤波器的作用是对荧光信号进行选择性过滤,从而隔离并放大目标荧光信号,并且去除背景噪声和自发荧光。由于荧光信号的强度通常很弱,高效率的滤波器可以提高成像的信噪比。荧光探针在吸收激发光后会发出荧光信号,而这种信号的波长通常比激发光的波长要长,同时组织中的自发荧光也会产生背景信号干扰成像信号。因此,在选择滤波器时,需要考虑荧光标记分子的荧光光谱和组织的自发荧光。此外,滤波器的透过率和边缘波长也需要考虑,以确保目标信号能够被滤波器有效地隔离和放大。

相机在荧光成像中扮演着捕捉和记录荧光信号的关键角色,常用的相机类型包括 CCD 和 CMOS 等。CCD 相机具有高信噪比和较高的灵敏度,适用于需要高质量图像的实验,但其响应速度较慢。而 CMOS 相机响应速度较快,但灵敏度相对较低,适用于需要高速成像的实验。在选择相机时,需要根据实验的具体要求和需要进行权衡和选择。

2.2.3　荧光染料

荧光物质是指能够发出荧光的化合物。虽然许多物质都能产生荧光现象,但并不一定适合用作荧光染料。只有那些能够产生明显荧光信号的有机化合物,才可能用于染色和检测,并被称为荧光色素或荧光染料。荧光染料由于具有强荧光信号和高选择性,在生物学、化学、医学等领域得到广泛应用,并备受青睐。

1) 常用荧光染料

常用的荧光染料包括吲哚类、荧光素类、罗丹明类、瑞明类、芘类,以及半导体材料。

(1) 吲哚类:如吲哚菁绿(indocyanine green,ICG)、吲哚橙(indole orange,IG)等,适用于染色蛋白质、细胞核和线粒体等。

吲哚菁绿是一种无毒、无致癌性质的荧光染料,可以通过近红外光激发其荧光,穿透组织深度较大,且具有生物相容性和良好的安全性。吲哚菁绿可以注入体内,通过近红外激发其荧光,在体内可追踪血液循环、评估肝功能和诊断肝病等。

吲哚橙染色后呈现橙黄色荧光,对于荧光显微镜具有较高的亮度和稳定性,同时也能够透过细胞膜,不需要特殊处理即可进入活细胞。可以用于细胞和细胞器的染色和荧光显微镜观察,如染色细胞核和细胞质,还可以用于细胞增殖和生长的研究。

(2) 荧光素类:如绿色荧光蛋白(green fluorescence protein,GFP)、异硫氰酸荧光素(fluorescein isothiocyanate,FITC)、四甲基异硫氰酸罗丹明(tetramethyl isothiocyanate,TRITC)等,适用于染色蛋白质、核酸以及其他生物分子。这种荧光染料荧光强度高、荧光光谱广、生物相容性好,且容易使用和操作,在活体成像领域有广泛的应用前景。

GFP 是一种来自水母的蛋白质,具有荧光特性。GFP 可以用作生物标记物,在无须外部荧光标记的情况下,将目标蛋白直接标记成荧光蛋白,通过荧光显微镜进行可视化成像。GFP 还具有可定向标记到不同细胞或组织的蛋白质中的能力,通过基因工程技术实现。在活体成像中,GFP 广泛应用于荧光显微成像、荧光标记定量检测、生物传感器等领域。利用 GFP 等荧光蛋白进行融合表达实验,可以成功实现对目标蛋白质的生物过程和动态变化的可视化,如细胞器的动态变化、蛋白质的表达和转运等。GFP 在活体成像中具有重要的作用,可以为生物领域的研究提供很好的工具和方法。

FITC 是荧光素的同分异构体,可以结合到抗体分子上,用于检测细胞表面标记物或研究分子在细胞中的分布。FITC 在蓝色或绿色激发光下发出明亮的绿色荧光。

TRITC 可以与抗体或其他分子共价结合,在蓝色或绿色激发光下具有强烈的橙红色荧光,TRITC 在生物体系中具有较好的光稳定性和抗褪色性,相比于 FITC 荧光颜色更为鲜明,因此可以用于双重标记或对比染色。需要注意的是,TRITC 的荧光效率较低。在活体成像方面,TRITC 可用于标记细胞、蛋白质和组织中的特定结构,并通过荧光显微镜观察它们在活体内的分布和行为。由于 TRITC 的荧光颜色较为鲜明,因此可以与其他染料(例如 FITC)一起使用,以实现多重标记和对比染色,用于同时检测不同的分子。此外,TRITC 还可以与蛋白质结合,因此可以用于研究特定蛋白质在细胞和组织中的表达和功能。

(3) 罗丹明类:如罗丹明 B(Rhodamine B)、四乙基罗丹明(RB200)等。

Rhodamine B 是一种强阳离子染料,可以用于染色细胞和组织中的蛋白质、核酸等。罗丹明 B 还可以用于细胞膜的荧光标记,从而研究细胞的形态、运动和内部结构。罗丹明 B 具有荧光强度高、稳定性好、价格便宜、易于制备和使用的优势。

RB200 呈现橘红色荧光,是一种橘红色粉末,不溶于水,但易溶于酒精和丙酮。RB200 可以用于染色细胞和组织中的蛋白质、核酸等,同时也可以用于荧光标记蛋白质和抗体。此外,RB200 还可以用于生物膜的研究,例如细胞膜和内质网膜的标记等。RB200 具有荧光强度高、稳定性好、荧光光谱窄、抗光解能力强的特点,成像中可以提供高分辨率和高信噪比的图像。同时,RB200 价格相对经济,使得其成为研究人员在活体成像实验中的首选探针之一。

(4)瑞明类:如 DAPI、Hoechst 33342 等,适用于染色细胞核。

DAPI 是一种 DNA 特异性荧光染料,能够穿透细胞膜,进入细胞核并结合到 AT 富集区域,特异性地染色 DNA。然而,由于它的激发波长在紫外线范围内,对活体组织有较强的损伤作用,并且具有毒性,因此在活体成像中应用相对较少。

Hoechst 33342 能够穿透细胞膜和组织,在紫外线激发下产生蓝色荧光。与 DAPI 相比,它的特异性更高,能够与 DNA 形成复合物,并且荧光信号稳定,可用于长时间的实时成像。因此,在活体成像领域中,Hoechst 33342 广泛应用于研究细胞增殖、细胞周期、凋亡等生命过程。

(5)芘类:如 1-芴磺酸(ANS)、苯并芘(Pyrene)等,适用于染色蛋白质和核酸。

ANS 是一种亲水性荧光染料,可以与蛋白质、核酸、脂质等生物大分子发生非共价作用,并形成复合物,从而显示荧光信号。ANS 在水中显示蓝色荧光,而在非极性溶剂中则显示绿色荧光。它在活体成像中常被用于检测蛋白质和多肽的聚集和折叠状态,如阿尔茨海默病、帕金森病和淀粉样变性等脑部神经退行性疾病。

Pyrene 主要用于研究生物大分子的聚集状态和化学环境的变化。由于其强烈的荧光性,可以与蛋白质和核酸相互作用并形成复合物,从而显示荧光信号。此外,Pyrene 还可以用于神经元成像,研究突触前和突触后神经元之间的信号转导过程。

(6)半导体材料:如 CdSe、CdTe、ZnS 等,广泛应用于生物医学成像中。其具有高荧光亮度、窄的荧光发射带宽和可调控的荧光光谱范围,可用于生物成像和检测。

CdSe 纳米颗粒通过调整颗粒大小来改变发光颜色,可作为荧光探针与细胞和生物分子结合,并通过荧光显微镜进行可视化。在成像前需要进行包被处理以防止毒性作用。

CdTe 纳米颗粒具有强烈的荧光信号和较长的持续时间。在生物医学成像中,可用于监测肿瘤细胞的生长和分化,并通过荧光显微镜进行可视化。

ZnS 纳米颗粒具有较强的荧光信号和较长的持续时间。在生物医学成像中,可用于监测细胞的活动和生物分子的运动,并通过荧光显微镜进行可视化。与其他纳米颗粒相比,ZnS 纳米颗粒更为稳定,更不容易引起生物毒性。

2)荧光染料发生机制

不同种类染料的荧光发生机制是不同的,下面简要介绍几种常见染料的荧光发生机制。

(1)吲哚类染料:吲哚类染料的电子在吸收光子能量后,激发到高能级轨道。退激发时,电子会返回到低能级轨道,释放出带有荧光的光子。这种荧光具有较长的荧光寿命和波长,因此适用于生物医学成像。

(2)荧光素类染料:该类染料的荧光现象是由分子在紫外光激发下电子跃迁所产生的,并且也是分子从高能态到低能态跃迁释放能量的过程。这种荧光具有较强的亮度和稳定性。

(3)罗丹明类染料:罗丹明类染料的荧光通常是由分子的轮廓振动和电子跃迁所产生的,这些电子跃迁通常发生在芳香族结构中,而轮廓振动则与染料的环境相关。这种染料通常具有较强的亮度和稳定性,并且广泛应用于细胞和组织染色等领域。

(4)瑞明类染料:瑞明类染料的荧光与罗丹明类染料类似,也是由于激发电子而产生的。

(5)芘类染料:芘类染料的荧光是由于吸收紫外线辐射而激发电子,电子跃迁到高能级轨道后,在退激发时会发出荧光光子。由于芘类染料的量子产率较低,荧光强度相对较弱,同时荧光寿命也较短。因此,荧光测量通常需要使用高灵敏度的仪器,以便检测到低强度的荧光信号。

(6)半导体材料:半导体材料的荧光与上述染料不同,它们的荧光是由电荷复合而产生的。当一个电子和一个空穴相遇时,它们会发生复合,释放出荧光光子。这种荧光通常由半导体材料的特殊性质引起,例如其带隙大小和载流子扩散性等。

3) 荧光染料标记方法

荧光染料标记方法是利用化学合成的荧光染料将其与生物分子(如蛋白质、核酸等)结合,从而实现对其进行标记的方法。该方法具有灵敏度高、选择性强、可视化、非毒性等优点。在荧光染料标记方法中,荧光染料需要先与某种反应物结合形成荧光染料的活性中间体,然后将这个活性中间体与目标生物分子结合,完成标记过程。荧光染料标记方法的应用非常广泛,已经成为生物医学研究中非常重要的工具,可以用于研究蛋白质相互作用、药物分子的扩散和吸附、细胞的生理状态等,包括细胞成像、分子分析、生物芯片、免疫学检测、药物筛选等领域。在细胞成像中,荧光染料标记可以用于标记特定蛋白质、细胞器和分子,从而实现对细胞内部过程的可视化;在分子分析中,荧光染料标记可以用于检测、分离和鉴定分子,例如蛋白质、核酸等;在生物芯片中,荧光染料标记可以用于检测特定序列、蛋白质和小分子等;在免疫学检测中,荧光染料标记可以用于检测抗体和抗原的结合情况;在药物筛选中,荧光染料标记可以用于筛选化合物对特定分子的结合和作用。

2.2.4　荧光分析仪器

荧光检测和分析的仪器通常由四个主要部分组成,包括激发光源、样品池、双单色器系统和检测器,如图 2 - 1 所示。与其他光学分析仪器不

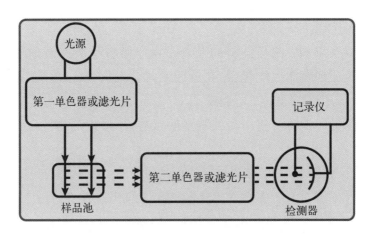

图 2 - 1　荧光分析仪器基本部件示意图

同的是,荧光分析仪器通常具有两个单色器,而且光源和检测器通常呈直角排列。这种设计可用于消除散射和背景信号,并增强检测器的灵敏度,从而实现对荧光信号的高效检测和分析。

2.2.4.1　激发光源

常见的光源包括宽波长光源如紫外和氙灯,以及单波长非连续光源如激光光源。其中,紫外和氙灯主要应用于分光光度计和照相成像系统,而激光光源具有分辨率和灵敏度较高的优点,可用于激发蓝色发射光的荧光素物质。

荧光分析中的光源条件应当满足以下要求:

(1) 光源应当有足够的强度以提供足够的激发能量;

(2) 光源的紫外可见区域应当有连续的光谱以覆盖被检样品的吸收光谱范围;

(3) 光源的强度应当与波长无关以保证激发光的稳定性;

(4) 光源的强度应当稳定以避免在分析过程中的变化对结果产生影响。

在荧光分析实验中,常见的激发光源包括氙灯、汞灯、激光光源、二极管激光光源和发光二极管(LEDs)光源。

氙灯为高压气体放电灯,其光谱范围为 $250\sim800$ nm,呈现连续的光谱。氙灯具有使用寿命长的特点,一般可使用 2 000 h 左右。

汞灯也是高压气体放电灯,其主要在紫外区进行激发,激发波长为 365 nm。汞灯具有使用寿命长的特点,一般可使用 1 500～3 000 h。

激光光源为单波长非连续光源,具有较高的分辨率和灵敏度。其中,氩离子激光光源能够产生 457 nm、488 nm 和 514 nm 的激光,其中 488 nm 波长常用于激发蓝色发射光的荧光素物质。除此之外,还有氦氖激光(波长为 633 nm)和 Nd:YAG 激光(波长为 532 nm)等。由于是高能光源,因此部分配有制冷装置。二极管激光光源相对其他激光光源更紧凑简洁,可直接整合到图像扫描设备内,经济性也更高。

发光二极管光源激发光带宽相对较宽(大于 60 nm),能量输出相对较低,因此光源和样品间需要相距较近,光程较短。与激光光源相比,发光二极管光源具有更小巧、轻便和经济等特点,应用范围也更为广泛。其激发光的最短波长一般大于 430 nm。

激光光源还需要一系列透镜和反射镜来导引其完成激发的过程。需要指出的是,宽波长光源也可以通过光栅和滤镜的作用变为窄波长光源。激光传输组件主要在这一过程中起作用,用以将所需波长的光线导向样品,从而保证激发光的单一性。

2.2.4.2　单色器

在荧光分析中,单色器用于选择所需波长范围内的单一激发光线。常用的单色器包括光栅单色器和滤光片。

光栅单色器具有较高的灵敏度和较宽的波长范围,能够扫描光谱。然而,光栅单色器的主要缺点是杂散光较大,可能产生不同级次的谱线干扰,可用前置滤光片加以消除。

滤光片是一种便宜而简便的单色器,广泛应用于荧光计和荧光分光光度计中。它们能够选择所需的波长范围,但波长选择比光栅单色器要差。

2.2.4.3　样品池

样品池是荧光分析仪器中非常重要的组成部分之一,用于容纳待测样品以进行荧光测量。石英方形池是一种常用的样品池类型,可以使样品池四面都透光,不会对测量结果产生影响。此外,石英还具有优异的热稳定性,能够承受在高温和强酸强碱等恶劣环境下的使用,因此在荧光分析中广泛应用。

2.2.4.4　狭缝

在荧光分析中,狭缝的作用是通过调整其宽度来控制进入荧光分光光度计的光线数量和光的单色性。狭缝越小,光线经过的路径越长,从而可以增强单色性。但同时,狭缝的宽度也会影响光线的强度和荧光信号的灵敏度,因此需要在单色性和灵敏度之间做出平衡。

2.2.4.5　检测器

荧光信号的检测是荧光分析的核心之一,检测器的选择直接影响着检测的灵敏度、精度和分辨率等性能指标。数字化分辨率通常用来描述检测器的性能,它反映了在同一信号强度下区分两个不同信号的能力,即通常所说的比特(bit)数。目前常用的数字化分辨率为 8 位、12 位和 16

位,分别对应 256 灰阶、4 096 灰阶和 65 536 灰阶。常用的检测器包括光电倍增管(photomultiplier tube,PMT)、电荷偶联器(charge coupling device,CCD)、光电摄像管、振镜式扫描系统和摆头式扫描系统等。

PMT 是检测荧光强度的传统方法。它通过荧光光子与靶物质的相互作用,将光子能量转化为电子能量,并通过多级倍增器进行放大。PMT 具有高信噪比、低暗噪声和快速响应等优点,适用于弱光信号的检测。但是,PMT 的灵敏度有限,无法检测多通道数据,并且需要高电压驱动,不易操作和维护。

CCD 是一种数字成像技术,通过将荧光光子转化为电荷信号,然后将电荷信号存储在像素中进行数字化处理。CCD 具有检测效率高、动态范围宽、线性响应好、坚固耐用和寿命长等特点。它可以在同一时间内获取多个数据点,具有较高的时间分辨率和空间分辨率。与 PMT 相比,CCD 不需要高电压驱动,且可同时检测多通道数据。但是,由于其灵敏度相对较低,因此需要更长的荧光激发时间和积分时间,同时还需要对其进行暗噪声和暗电流的处理。

光电摄像管类似于 PMT,可以将光子转化为电子,然后放大。光电摄像管具有高灵敏度、低暗噪声和较高的动态范围等优点,适用于定量分析和低强度信号的检测。与 CCD 相比,光电摄像管具有更高的灵敏度和更广泛的动态范围,但需要高电压驱动,且对信噪比和分辨率的影响较大。

振镜式扫描系统是一种新型的荧光信号捕获系统,通过快速摆动反射镜以捕获反射光信号,从而缩短了二维荧光信号的收集时间,同时适用于收集较厚样品的纵深荧光信号。振镜式扫描系统具有高速成像、高分辨率和低光损伤等优点,适用于快速成像和高分辨率检测。相较于其他检测器,振镜式扫描系统需要较少的光量,并且可以减少激光光损伤的影响。然而,由于收集到的发射荧光信号的角度有一定差别,因此会引起一定的视差偏差效应。使用 F - Theta 透镜可以使这种视差效应引起的失真影响降到最低。

摆头式扫描系统是一种以探头为中心点,以相等距离的步长扫描样品的荧光信号捕获系统,有效避免了捕获信号的视差失真问题。该扫描系统的信号接收探头与待扫样品每个点的距离是相等的,通过平移探头来实现等距信号的捕获。虽然该系统的扫描速度较慢,但具有极高的空间分辨率和较好的时间分辨率,可以用于捕获较小的荧光信号和快速动态的荧光信号。

2.2.4.6 读出装置

扫描收集得到的不同波长荧光信号,在读出前首先需要分拣和放大。分拣工作由分光镜或二向色滤光器配合反射镜完成。通过分光器将不同波长的荧光信号分离、折射后,经过发射滤镜过滤掉杂信号,最终到达光电倍增管。光电倍增管的放大倍数通常为 106~107,转化波长范围一般为 300~800 nm。

光信号在读出前由成像系统转变成电信号,且通过模数转换器芯片转换成数字信号并放大。成像系统由聚焦图像到光敏感的电荷偶联器(CCD)阵列上的发光系统和透镜组件组成。该系统是整合了来源于连续发光样品区域荧光信号的面积图像采集系统,常被应用于通过调节透镜组件来实现固定或可调焦距,从而达到单次捕捉平面图像信号的目的。

CCD 照相系统的光源多为紫外、白光、光谱氙灯、高能二极管等。对于发射光的收集和对于光信号远近的不同造成的失真,可以通过平场校正来修正。CCD 照相系统的性能好坏取决于系统本身的分辨率、灵敏度、线性和动态范围。目前,CCD 上的像素排列范围为 6~30 μm,分辨率在 512×512 到 4 096×4 096 范围内。

CCD 阵列对光、温度和高能射线都很敏感,这会影响系统的性能。然而,通过对 CCD 进行制冷,可以大幅减少背景噪声,同时提高系统的灵敏度和线性范围。例如,在温度为 -35℃时,CCD 的线性范围可以增加 2~5 倍。为了进一步提高其灵敏度,可以在捕获过程中将邻近的像素合并,但这可能会影响图像的分辨率。

成像系统对强度差异响应能力的描述采用动态范围这一指标。在生物医学领域中,成像系统的动态范围对于检测微小变化非常重要,例如癌细胞的检测和药物分析。动态范围通常用饱和电荷水平与背景噪声的比值来表示。例如,如果一个成像系统的像素为 15×15 μm、面积为

225 μm^2、饱和度为 180 000,而背景噪声为 10,那么该成像系统的动态范围就是 18 000:1。从中可以看出,动态范围受背景噪声的影响很大,因此对于成像系统的性能优化和噪声减少都有着重要的意义。

参考文献

[1] Pieribone V，Gruber D F. Aglow in the dark：the revolutionary science of biofluorescence[M]. Canada：Belknap Press，2006.

[2] Anderson R S. The partial purification of cypridina luciferin[J]. Journal of General Physiology，1935，19：301 - 305.

[3] Mcelory W D，Green A A. Enzymatic properties of bacterial luciferase[J]. Archives of Biochemistry and Biophysics，1955，56(1)：240 - 255.

[4] Green A A，Mcelory W D. Crystalline firefly luciferase[J]. Bioehim Biophys Acta，1956，20(1)：170 - 176.

[5] Shimomura O，Johnson F H，Saiga Y. Microdetermination of calcium by aequorin luminescence[J]. Science，1963，140：1339 - 1440.

[6] Denburg J L，Mcelroy W D. Catalytic subunit of firefly luciferase[J]. Biochemistry，1970，9(24)：4619 - 4624.

[7] DeWet J R，Wood K V，Helinski D R，et al. Cloning of firefly luciferase cDNA and the expression of active luciferase in Escherichia coil[J]. Biochemistry，1985，82：7870 - 7873.

[8] Marlene D. Transient and stable expression of the firefly luciferase gene in plant cells and transgeinc plants[J]. Science，1986，234：856 - 859.

[9] Bentolila L A，Ebenstein Y，Weiss S. Quantum dots for in vivo small-animal imaging [J]. Journal of Nuclear，2009，50(4)：493 - 496.

[10] Antaris A L，Chen H，Cheng K，et al. A small-molecule dye for NIR - II imaging [J]. Nature Materials，2016，15(2)：235 - 242.

[11] Wang S，Liu J，Goh C C，et al. NIR - II-excited intravital two-photon microscopy distinguishes deep cerebral and tumor vasculatures with an ultrabright NIR - I AIE luminogen [J]. Advanced Materials，2019，31(44)：e1904447.

[12] Dai S，Tao M，Zhong Y，et al. In situ generation of Red-to-NIR emissive radical cations in the stomach for gastrointestinal imaging[J]. Advanced Materials，2023，35(15)：e2209940.

[13] Uchinomiya S，Nagaura T，Weber M，et al. Fluorescence-based detection of fatty acid β-oxidation in cells and tissues using quinone methide-releasing probes[J]. Journal of the American Chemical Society，2023，145(14)：8248 - 8260.

[14] Yuan P，Xu X，Hu D，et al. Highly sensitive imaging of tumor metastasis based on

the targeting and polarization of M2-like macrophages[J]. Journal of the American Chemical Society，2023，145(14)：7941－7951.

[15] Zhang X，Gao J，Tang Y，et al. Bioorthogonally activatable cyanine dye with torsion-induced disaggregation for in vivo tumor imaging[J]. Nature Communication，2022，13 (1)：3513.

[16] Duan X，Zhang G Q，Ji S，et al. Activatable persistent luminescence from porphyrin derivatives and supramolecular probes with imaging-modality transformable characteristics for improved biological applications[J]. Angewandte Chemie，2022，61(24)：e202116174.

[17] Tian X，Zhang Y，Li X，et al. A luciferase prosubstrate and a red bioluminescent calcium indicator for imaging neuronal activity in mice[J]. Nature Communication，2022，13(1)：3967.

[18] Hou S S，Yang J，Lee J H，et al. Near-infrared fluorescence lifetime imaging of amyloid-β aggregates and tau fibrils through the intact skull of mice[J]. Nature Biomedical Engineering，2023，7(3)：270－280.

第 3 章

小动物活体可见光成像仪器

小动物活体可见光成像仪是一种用于观察实验小动物体内发光标记物的仪器设备,将小动物放置于一个固定的暗箱内,通过光学检测器,一般是各种类型的电荷偶联器(CCD),来捕获动物体内的发光标记物所发出的光子,然后通过后续计算处理,呈现出特定的光学影像,用于判断发光标记物所处的位置的体积的大小。此类仪器最常规的应用有两种:一种是微弱生物发光成像,以下简称生物发光;另一种是荧光激发成像,以下简称荧光。

3.1 小动物活体可见光成像仪器基本原理

生物发光的原理是将荧光素酶(最常用的是萤火虫荧光素酶)标记需要跟踪观察的细胞、基因、细菌等,然后外源性注入底物荧光素,当荧光素酶、荧光素、氧气、ATP 这四种物质同时存在时,就会产生化学反应,这种反应的其中一个产品就是光,我们就检测这种光。由于上述化学反应的条件限制,我们可以认为只有在活细胞内才可以发生这样的氧化反应,光的强度与细胞数量呈线性相关,注射一次荧光素能保持小动物体内荧光素酶标记的细胞发光几十分钟。而且这种反应没有外来光学激发源的存在,所以没有背景干扰。我们可以认为所见即所得,但主要缺点是细胞级别的生物发光有时候太弱,几乎检测不到。换句话说,要么检测不到,如果检测得到就是真实的发光。

荧光发光的原理是将荧光蛋白标记需要跟踪观察的细胞、基因、细菌等,然后用特定波长的荧光光源照射激发,激发光原子中的电子由较高的能级跃向较低能级时部分能量转化为光能导致发光,被照射的荧光标记物会发射出某一个特定波长的光,此现象属于物理现象,不属于化学反应,所以不依赖于在活细胞内的反应。荧光成像更适用于小分子物质的研究,因为小的荧光染料分子修饰不会明显改变所要研究物质的性质,不会改变其在体内的分布和代谢等。荧光成像具有费用低廉和操作简单等优点。但荧光也有一个致命的缺点,动物组织中存在弹性蛋白和胶原蛋白,而这些蛋白质的激发波长和发射波长与绿色荧光蛋白(GFP)类似。因此,一般荧光图像均存在微弱自发荧光(autofluorescence)。

在荧光应用实验中需要注意,不同波长的光在体内组织中穿透的能力有巨大的差异,波长越短的光在体内穿透能力越弱,反之波长越长的光在体内穿透能力越强,这就是最常规的绿色荧光蛋白不太适合应用于活体成像的主要原因,而红色荧光标记就能很好地应用于活体成像。近几年来,波长比红色更长的近红外荧光标记物也开始广泛应用于活体成像并成为一种发展趋势。但同时也要注意远红外光谱虽然比近红外光谱在体内组织有更好的穿透能力,但并一定适合应用于活体成像,因为成像系统的检测器 CCD 是有光谱响应范围的,常规 CCD 对 400~900 nm 的光谱有良好的观察性能,但超过 900 nm 后响应会明显衰减,甚至不可检测,检测 1 000 nm 以上的光谱需要专业的 CCD 相机,不同于可见光范围的 CCD 相机。

3.2 小动物活体可见光成像仪器基本结构

小动物活体可见光成像仪由以下主要部件组成:暗箱、电子倍增 CCD (electron multiplying CCD,EMCCD)、荧光激发系统、滤光片系统、小动物保温台、控制系统、气体麻醉机,如图 3 - 1 所示。

暗箱的密闭性对于生物发光至关重要,不能漏一丝光线进去,所以需要经常从仪器侧面检查门密封条贴合紧密程度,门把手锁的间隙也很重要,太紧容易拉断锁芯,太松不能完全密闭暗箱门。

图 3 - 1　小动物活体可见光成像仪

　　EMCCD 的其他结构与一般 CCD 无异,都具有对感光芯片的深制冷系统,但多了一个非常重要的结构。储存电荷在输出节点读取之前,移到了一个附加的倍增寄存器,在这里以高出放大器读出噪声水平,对电荷进行放大。因此 EMCCD 比普通 CCD 有更高的灵敏度。EMCCD 具有高读出速度,同时具有高灵敏度,对噪声抑制作用明显。这种结构主要对于生物发光应用特别有效,生物发光由于发光极弱,一般在几秒内无法捕获所需要的光学影像,CCD 需要长达数分钟的长曝光来捕获影像,在这几分钟里,EMCCD 采用深制冷(−80℃)来抑制芯片自身在环境温度下的暗电流,把芯片自身活动电子数量限制在一个很低的数量级,然后把捕获的光子数量通过信号放大来呈现良好的信噪比,最后提供一个背景清晰的信号图像。

　　荧光激发系统采用氙灯光源,具有比传统的卤钨灯亮度高、光谱范围大的优点,氙灯光谱范围可达 200～2 000 nm,覆盖了常用可见光、近红外、远红外光谱。匹配不同波长的滤光片,可以获得特定波长范围的激发光谱。示踪的荧光标记物一般通过商业途径购买,购买时都有说明手册,标明了激发光谱(exciting)与发射光谱(emission)的范围,一般在 20～

30 nm。当购买的荧光标记物波长与滤光片波长不完全一样时,并不代表此滤光片不能使用,滤光片标注的波长是指中心波长,荧光标记物波长与滤光片波长允许有 10 nm 的误差。

动物保温台可以设定 37~50℃ 的温度范围,主要用于低温天气环境下维持实验小动物的体温,小动物在麻醉后会产生体温下降的状态,维持体温是很重要的实验条件。

气体麻醉机用于对实验小动物成像前和成像中的持续麻醉,麻醉系统中有预麻箱,可以将小动物放入预麻箱中麻醉,然后放入暗箱中,把小动物嘴部放置在麻醉气体分配器口套中,让麻醉气体持续流过气体分配器,可以让小动物处于持续麻醉中,由于异戊烷气体麻醉比较浅,所以当撤走麻醉气体后,小动物苏醒比较快。

3.3　小动物活体可见光成像仪器软件使用说明

本软件是专门用于采集实验动物的图像和进行后续处理的工具,图像格式是专用结构,不能被其他软件读取和分析。本软件具有图像处理和定量分析的功能。

3.3.1　程序初始化

打开所有电源开关,并双击应用程序 QuickView,会出现如图 3 - 2 所示对话框,提示程序正在初始化,几秒钟后,进入如图 3 - 3 所示的程序主界面,且设备开始自动制冷。

图 3 - 2　程序初始化提示

程序初始化前会自动检测设备连接情况,若存在硬件未连接或连接错误等问题,会出现提示相应错误的对话框,以便用户或维修人员尽快找到问题所在并予以解决。

程序一经启动,设备即开始自动制冷,直至 CCD 达到目标温度。此目标温度为一默认值,在与应用程序 QuickView 同一目录下的 QuickView.ini 配置文件中设置(详细请参见 3.3.9 维护)。

3.3.2　程序主界面

如图 3-3 所示,程序主界面顶端显示有 8 个菜单选项,分别为文件、实时显示控制、生物发光成像、荧光成像、统计、维护、光谱分离及帮助。其各自功能与使用方法将在后面几节详细说明。

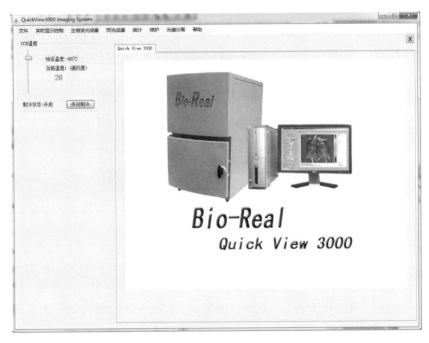

图 3-3　Bio-Real QuickView 3000 软件主界面

程序主界面左侧显示设备"CCD 温度状态",如图 3-4 所示。正常情况下,一旦打开本软件,设备将自动开始制冷,此时,如图 3-4 所示,"制冷状态"显示为"开启"。若用户不想继续制冷,可点击"关闭制冷"按钮以停止制冷。此时,"制冷状态"显示为"关闭",原本的"关闭制冷"按钮变为"开启制冷"按钮,用户可通过点击"开启制冷"按钮使设备开始制冷。

图 3-4　CCD 温度状态

CCD 目标温度值设置不可低于－90℃。本机最佳工作温度为－80℃（QuickView 3000）或－85℃（QuickView 2000）。另外，如果 CCD 温度显示红色正 100℃时，请保存必要数据后关闭并重新启动，CCD 会检测当前的温度并显示。

主界面上"CCD 温度状态"里的"关闭制冷"按钮用于在采集作业结束后，关闭 CCD 的制冷系统，必须等待显示的当前温度上升到 0℃以上后，再关闭主程序。若当前温度低于 0℃时关闭主程序，将显示图 3-5 所示警告对话框。若用户无视此警告强行关闭主程序，可能会损坏本机。

图 3-5　关闭主程序可能出现的警告

3.3.3　文件操作

单击"文件"菜单，显示一个下拉菜单，如图 3-6 所示，选择"打开 QVD 文件"，则出现如图 3-7 所示的窗口，选择一个后缀为 qvd 的文件打开，则可在程序主界面图像显示窗口中看到打开的文件。

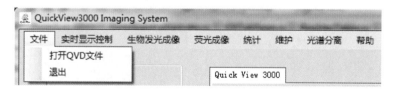

图 3-6　"文件"下拉菜单

被打开的 qvd 文件保存有图像上一次保存前通过本软件观察所得的基本数据，如图 3-8 中主窗口所示。

若上一次保存前进行了相关操作，则可以看到图像左上部分横向排列的 3 个不同颜色的矩形框内列出了图中对应颜色圆形区域的大小、区域内光子总数及平均值等信息。

图 3‑7　选择打开的文件

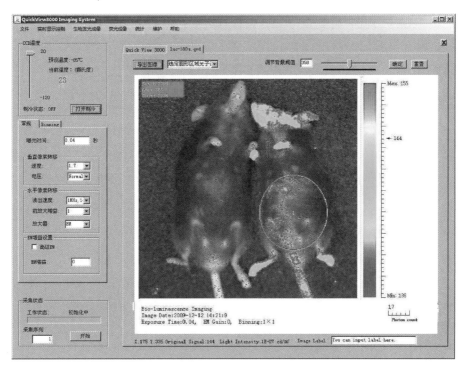

图 3‑8　打开 qvd 文件

图像下方显示了该图像的成像模式、拍摄时间、曝光时间及放大模式等信息。若该图像的成像模式为生物荧光成像,则还会显示激发光波长及发射光波长。在图像右下方的一细长矩形框内,用户可输入相关信息以标记图像。

图像右侧有一由红渐变为蓝的竖直条带,表示整幅图中光子计数最大值到最小值的变化。最上刻度和最下刻度代表图中光子计数的最大值及最小值。条带下方有一对应的光子计数坐标尺寸,其上所标数据为条带上每一小格的光子计数跨度。

被打开的图像上方显示如图 3-8 所示内容,可以利用这些选项重新设定某些参数并保存成不同的后缀为 bmp 的文件。例如,用户可通过用鼠标拖动图 3-8 中"调节背景阈值"的滑条,或者直接在"调节背景阈值"右侧小框内输入新的阈值,然后点击"确定"按钮,即可进行人为的阈值设定。阈值调高,则图像中发光区域的总面积减小;阈值调低,则得到相反的效果。

对图像做完相关处理与统计操作后,用户可点击"导出图像"按钮,选择将图像保存为 bmp 文件或 qvd 文件。

本程序可同时打开多个 qvd 文件,如图 3-9 所示,被打开的 qvd 文件的文件名按打开顺序横向排列在图像上方。用户可通过点击某一文件名以显示对应图像进行观察。若用户想关闭某一文件,可以先单击该文件的文件名,再点击图 3-9 所示右侧的叉号,进行文件的关闭操作。

图 3-9   对图像的处理选项

人为调节阈值后的图像显示结果并不一定代表真正的发光结果。

若导出图像为 qvd 格式,则可以并且只能用本机的 QuickView 软件打开,且打开后,可重新设定某些参数并保存为不同的 bmp 文件。若导出图像为 bmp 格式,则此图像不可再重新导入进行分析或修改。

3.3.4   实时显示控制

实时显示是指实验暗箱内打开照明灯源,实时显示被测物体,让用户确认显示的区域并调整焦距以获得最理想的观察结果。

单击"实时显示控制"菜单,并从其下拉菜单中选择"对焦"选项(见图 3-10),则跳出一个实时显示的窗口(见图 3-11),显示实验箱内物体状态及位置。

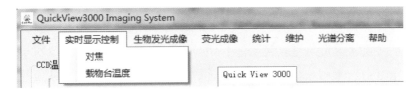

图 3-10 "实时显示控制"下拉菜单

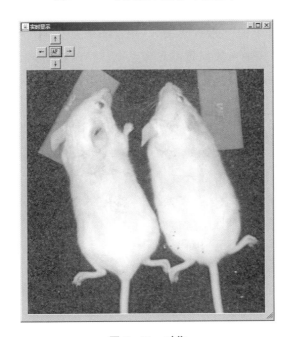

图 3-11 对焦

用户可通过点击窗口左上角的"AF"按钮使仪器自动对焦。围绕"AF"按钮的 4 个箭头按钮可用于调整当前窗口聚焦实时显示的区域,以获得用户最理想的观察结果:用鼠标点击左箭头可以放大局部显示区域,获得较小的视野和清晰的局部图像;用鼠标点击右箭头可以获得较大的视野和全部图像;用鼠标点击上下箭头可以手动调节焦距,使当前视野获得最清晰的图像。

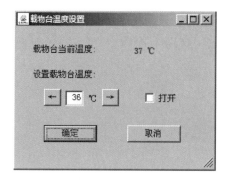

图 3-12　载物台温度设置

当用户决定采集当前窗口的数据时，须关闭当前实时显示的窗口，然后点击"生物发光成像"或"荧光成像"菜单，设置相关参数后进行图像采集。

若用户选择"实时显示控制"下拉菜单中的"载物台温度"选项（见图3-10），则跳出如图3-12所示的载物台温度设置对话框。勾选"打开"选项后，用户可通过鼠标点击左侧的两个箭头调整载物台至合适温度。每单击一次左向箭头，则设置载物台温度降低1℃，每单击一次右向箭头，则设置载物台温度升高1℃。也可以在输入框中直接输入要设置的温度。默认初始温度是37℃。待用户调整至所需温度后，单击"确定"按钮。

3.3.5　生物发光成像

生物发光成像菜单用于实现生物微弱发光物体成像功能。

点击主菜单栏的"生物发光成像"，则程序主界面左侧正中区域出现如图3-13所示内容。用户可根据需要选择合适的"基本参数"及"Binning"设置。

本软件包含绝对光强显示功能，为保证获得准确的发光强度数值，请尽量使用以下参数设定：

曝光时间设置为 0.04 s、1 s、10 s、20 s、30 s、60 s、80 s、100 s、120 s、180 s。

输出放大器采用 EM 放大，EM 放大增益倍数为 1 倍、5 倍、10 倍、20

图 3-13　生物发光成像之基本参数设定

倍、30 倍、50 倍、80 倍、100 倍、200 倍、300 倍。

　　Binning 设置如下：1×1、2×2、4×4、8×8、16×16。

　　以下参数均设为默认，只能由高级用户进行修改：垂直像素移动速度为"3.3"；垂直电压放大为"正常"；水平移动读出速度为"1 MHz，16 位"；前放大增益为"1"。

　　EM 放大增益倍数可选范围为 0～1 000。当 EM 放大增益倍数超过 300 时，应勾选"使用 EM 高级"，以保证最好的采集效果。

　　如图 3-14 所示，Binning 共有 5 个选项，其中任意一个选项都代表其对应的乘积像素数合并成 1 个像素显示。如：若选择 4×4，则表示有 4×4＝16 个像素合并，选择 8×8，则表示有 8×8＝64 个像素合并。选择的乘积数越大，则空间分辨率越低，图像显示越模糊。

　　选择"生物发光成像"菜单的同时，程序主界面左侧区域下方出现如图 3-15 所示内容。用户可通过点击图中"开始"按钮进入图像数据采集过程。

　　图 3-15 中"采集序列"下方的输入框用于连续采集一串序列。在该框内输入要采集的图像数量（默认采集 1 幅）后再点击"开始"，则按所输入的数值依次以相同的采集参数采集若干幅图像。

　　进入采集过程之前，请先确认 CCD 温度已经达到设置的温度，并进行采集图像参数设置。否则可能造成采集图像噪声过大，光强数据不准确。如果已经开始采集，不可强行退

图 3-14　生物发光成像之 Binning 设定

图 3-15　CCD 采集状态

出采集过程或关闭主机电源,否则可能会损坏本机。

3.3.6 荧光成像

荧光成像菜单用于实现活体生物荧光发光物体成像功能。

点击主菜单栏的"荧光成像",则程序主界面左侧区域出现如图 3-16 所示内容。

如图 3-17 所示,生物荧光成像的基本参数及 Binning 选项基本与生物发光成像相同,但比生物发光成像多包含一项"滤光波长选择"的参数设置。点击图中"滤光波长选择",则出现图 3-17 所示内容。

所有参数都设置完毕后,可以开始采集数据。采集完毕后,程序主界面右方主要区域显示采集结果,如图 3-18 所示。"采集结果"窗口左侧为采集到的图片,右侧为彩色对比条带,并附刻度尺,及标示图像最高和最低光子计数。左下侧为图像采集的时间及采集设置参数记录,右下角为针对刻度条的说明,标示一个单位长度表示多大的光子计数跨度。

对于采集所得图像,可以进行相关操作以得到更多的数据。

在"采集结果"窗口上方的下拉菜单中,选择"选定指定点光强值",则在图像上移动鼠标,可以在窗口左下角显示当前鼠标所在位置点的坐

图 3-16 荧光成像之基本参数设定

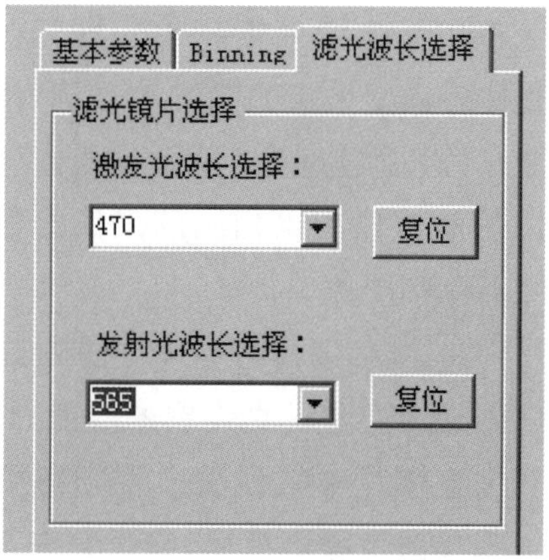

图 3-17 荧光成像之滤光波长选择

标、原始信号强度及绝对光强,并且在彩色刻度右侧,小箭头动态显示对应的彩色位置及光子计数值。在窗口右下角还有一细长矩形可用于用户输入对图像的简单标记。

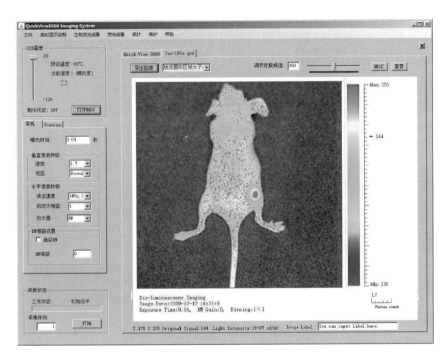

图 3-18　图像采集结果

在"采集结果"窗口上方的下拉菜单中,选择"选定圆形区域光子计数",则可在图像上用鼠标任意拖出一个圆,图像左上角会用与该圆相同颜色的矩形框显示此圆内的光子计数值。

在"采集结果"窗口上方的下拉菜单中选择"选定矩形区域放大",则在图像上用鼠标左键点击并拖动,用矩形框选欲放大区域,放开鼠标后,被框选区域将满幅显示。

以上操作均可通过鼠标右击以取消前一次操作。

此外,用户可通过用鼠标拖动图像上方"调节背景阈值"的滑条,或者直接在"调节背景阈值"右侧小框内输入新的阈值,然后点击"确定"按钮,即可进行人为的阈值设定。阈值调高,则图像中发光区域的总面积减小;阈值调低,则得到相反的效果。

对于已做完处理的图像,可以通过"导出文件"选择将采集结果保存为 bmp 文件或 qvd 文件(其中,qvd 文件格式只能用本机的 QuickView 软件才能打开)。若导出保存为 qvd 文件,则该文件可用本机的 QuickView 软件打开,并可重新设定某些参数并保存为不同的 bmp 文件。

生物荧光成像不可连续使用超过 1 h,且每两次使用时间间隔不可短于 30 min。否则,仪器可能发生损坏。关闭荧光成像有两种方法:点击"生物发光成像"或退出本程序。

3.3.7　荧光多光谱分离

荧光多光谱分离用于单个或多个荧光靶向目标的分离,主要应用于对活体小动物皮毛自发荧光的背景去除和多荧光目标的分离识别。

点击主菜单栏的"光谱分离",则程序将自动弹出一个如图 3 - 19 所示的对话框。

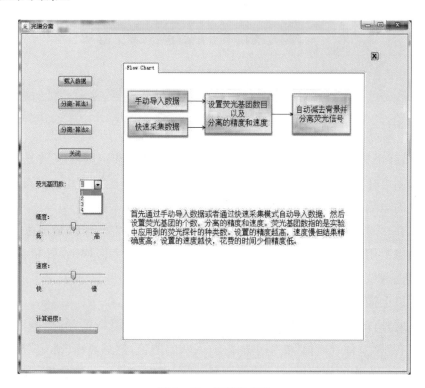

图 3 - 19　多光谱分离

首先点击"Loadmatrix",在内存中调入所有已经采集到的荧光光谱图像,每个激发波长对应的多个发射波长需要按照波长从低到高依次调入,如果有多个激发光波长的图像,则也需要全部按照波长从低到高依次调入。然后选择有几个荧光目标,最多可选择 4 个,最后选择敏感度和处理速度,敏感度越高处理速度越慢。完成所有参数选择后按"Unmixing"进行图像处理,"Progress"会显示处理的进度,进度完成后即可得到光谱分离后的图像,图像可按照荧光采集模式的方法保存。图像处理完毕后,按"Close"退出多光谱分离界面。

3.3.8　统计

选择主菜单中的"统计"选项,可以统计并比较不同图像中多个特定区域内的光子数计数值,并在 EXCEL 文件中列出相关数据与图表。

点击主菜单中的"统计"选项,则程序将自动弹出一个如图 3 - 20 所示的对话框。

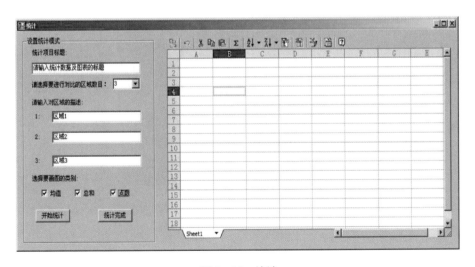

图 3 - 20　统计

用户可根据实际情况在图 3 - 20 方框内填入统计项目标题,确定每个图像中要进行对比的区域数目,并勾选要画图的类别,然后点击"开始统计"按钮,进入统计模式。

如图 3 - 21 所示,用户须回到主界面选定需要进行统计的区域。在主界面中"采集结果"窗口上方的下拉菜单中,选择"选定圆形区域光子计数",则可在图像上用鼠标任意拖出一个圆,则图像左上角会用与该圆相同颜色的矩形框显示此圆内的光子计数值等信息。按此法选择所有需要进行统计的圆形区域。

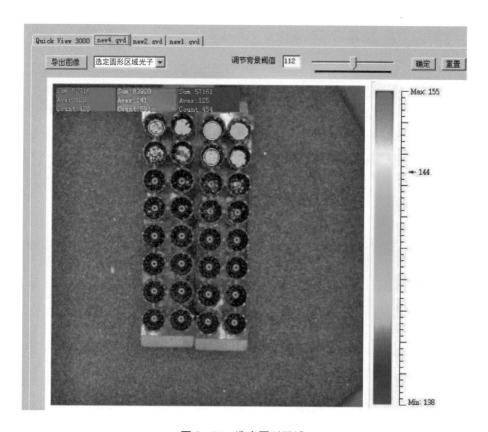

图 3 - 21   选定圆形区域

用户在完成所有需要统计的图像区域选定后,应回到统计界面(见图 3 - 22)。

此时,点击"统计完成"按钮,则右侧表格内载入统计所得相关数据(见图 3 - 23)。

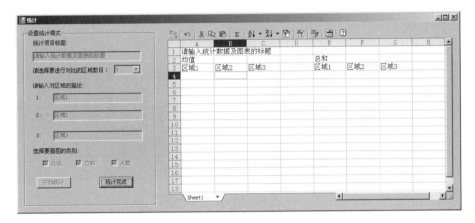

图 3 - 22　统计完成

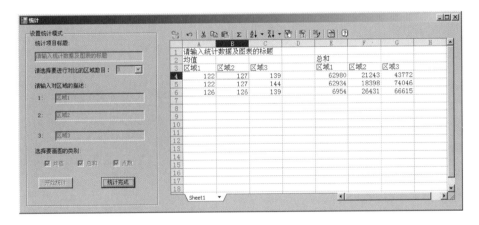

图 3 - 23　数据载入

点击图 3 - 23 中表格上方的保存按钮,则转入图 3 - 24 所示 EXCEL 文件页面。此 EXCEL 文件内记录有所要统计的所有数据及根据这些数据所作的柱状图表,供用户参考。用户可以选择保存此 EXCEL 文件以保存相关数据。

统计时所选的圆形区域,可以是在不同图中的不同区域。但每张图片最多选择 3 个区域。如果涉及多张图片,则须注意每张图片中所选的区域数必须相同。

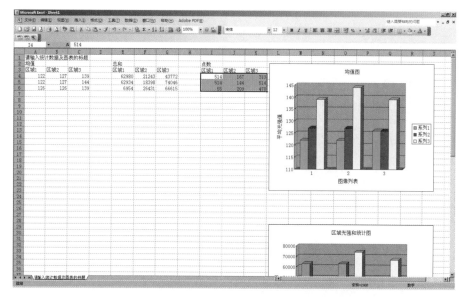

图 3-24   统计结果

3.3.9   维护

主菜单中"维护"选项主要用于系统参数配置,实际为对 QuickView. ini 配置文件中部分内容的直接修改。点击"维护"菜单,程序主界面左侧出现如图 3-25 所示的内容。

图 3-25 的所有初始参数都已在 QuickView. ini 配置文件里设置好。其中,如激发光滤光转轮和发射光滤光转轮的各个滤光片的波长选择及 COM 接口选择等内容均为默认设置,一般用户不必进行修改。而预设曝光时间、实时显示的曝光时间和语言等选项,用户可以按实际需要进行修改。

QuickView. ini 配置文件默认安

图 3-25   初始参数设置

装于本软件安装程序的同一目录下。该文件中,若 MODE=1,表示生物发光成像与生物荧光成像均有效;MODE=2,表示只有生物发光成像有效,生物荧光成像不可用。Filter A 对应激发光滤光片,而 Filter B 对应发射光滤光片。Filter A 和 Filter B 的 1 号位永远为 All Pass,表示该滤光片处于初始位置。"null"表示对应位置未装滤光片。"复位"指恢复到没有滤光片的 1 号位。

3.3.10 退出主程序

欲退出本程序,请先点击"关闭制冷"按钮,等待 CCD 温度上升至 0℃以上,再点击程序主界面右上角 ⊠ 或选择文件操作下拉菜单中的退出选项,以关闭主程序。

3.4 小动物活体可见光成像仪器进展

针对微弱生物发光目前最先进的仪器是采用深制冷的 EMCCD,所以这几年会保持稳定,除非 CCD 厂家出现技术革命,创造出更先进的探测器来替代目前的 CCD。对于荧光成像,发展趋势是激发光源采用激光照射,发射滤光系统采用多滤光片分析进行光谱分离,这样就保证了激发光的高功率、大强度和波长单一性,以及发射光的连续透过性,并且在软件上配合硬件可以做复杂的处理来降低或去除动物的自发荧光,从而得到真正想要的荧光染料的表达。

近几年有部分厂商推出了带 X 光功能的活体成像仪,X 光本身没有特殊先进的功能,而仅仅作为光学成像的辅助装置,用 X 光成像的影片叠加到可见光成像的图片里,用于辅助判断发光标记物的位置。

也有部分厂家推出了 3D 光学成像的机型,但目前 3D 光学成像技术存在诸多问题。从严格意义上的 3D 成像来说,被检测物体或检测器装置其中一个必须进行 180°的旋转,这样在每个角度取得不同图像,然后对这些连续的图像进行后续三维重建,从而获得真实的 3D 图像。但目前对于活体小动物成像系统而言,无论是小动物旋转还是检测的 CCD 旋转,都存在实际困难。如果小动物旋转,内部脏器会发生位移,无法后期重建,如果 CCD 旋转,深制冷下的 CCD 感光芯片非常脆弱,极易损坏。所以有些公司采用两者相对都不移动的方法,通过荧光顶部照射和底部照射对组织穿透效果不一的原理来计算发光标记的位置,而且只对荧光成像有效。这种方法的准确性目前尚存争议。

参考文献

[1] Qin B J, Gu Z, Sun X, et al. Registration of images with outliers using joint saliency map [J]. IEEE Signal Processing Letters, 2010, 17 (1): 91 - 94.

[2] Tang J, Zhang L, Liu Y Y, et al. Synergistic targeted delivery of payload into tumor cells by dual-ligand liposomes co-modified with cholesterol anchored transferrin and TAT [J]. International Journal of Pharmaceutics, 2013, 454(1): 31 - 40.

[3] Yin Y J, Wu X D, Yang Z Y, et al. The potential efficacy of r8-modified paclitaxel-loaded liposomes on pulmonary arterial hypertension [J]. Pharmaceutical Research, 2013, 30(8): 2050 - 2062.

[4] Tang J, Zhang L, Fu H, et al. A detachable coating of cholesterol-anchored PEG improves tumor targeting of cell-penetrating peptide-modified liposomes [J]. Acta Pharmaceutica Sinica B, 2014, 4(1): 67 - 73.

[5] Xie Z L, Ji Z H, Zhang Z R, et al. Adenoviral vectors coated with cationic PEG derivatives for intravaginal vaccination against HIV - 1 [J]. Biomaterials, 2014, 35 (27): 7896 - 7908.

[6] Zhang X M, Zhang Q, Peng Q, et al. Hepatitis B virus preS1-derived lipopeptide functionalized liposomes for targeting of hepatic cells [J]. Biomaterials, 2014, 35 (23): 6130 - 6141.

[7] Yu K K, Li K, Hou J T, et al. Rhodamine based pH-sensitive "intelligent" polymers as lysosome targeting probes and their imaging applications in vivo [J]. Polymer Chemistry, 2014, 5(19): 5804 - 5812.

[8] Zhang Q, Zhang X M, Chen T J, et al. A safe and efficient hepatocyte-selective carrier system based on myristoylated preS1/21 - 47 domain of hepatitis B virus [J]. Nanoscale, 2015, 7(20): 9298 - 9310.

[9] He X Y, Xiang N X, Zhang J J, et al. Encapsulation of teniposide into albumin nanoparticles with greatly lowered toxicity and enhanced antitumor activity [J]. International Journal of Pharmaceutics, 2015, 487(1 - 2): 250 - 259.

[10] Yang C L, Hu T T, Cao H, et al. Facile construction of chloroquine containing PLGA-Based pDNA delivery system for efficient tumor and pancreatitis targeting in vitro and in vivo [J]. Molecular Pharmaceutics, 2015, 12(6): 2167 - 2179.

[11] Li L, Sun W, Zhong J J, et al. Multistage nanovehicle delivery system based on

stepwise size reduction and charge reversal for programmed nuclear targeting of systemically administered anticancer drugs [J]. Advanced Functional Materials, 2015, 25(26): 4101 – 4113.

[12] Hu G L, Chun X L, Wang Y, et al. Peptide mediated active targeting and intelligent particle size reduction-mediated enhanced penetrating of fabricated nanoparticles for triple-negative breast cancer treatment [J]. Oncotarget, 2015, 6(38): 41258 – 41274.

[13] Xu B, Xia S, Wang F Z, et al. Polymeric nanomedicine for combined gene/chemotherapy elicits enhanced tumor suppression [J]. Molecular Pharmaceutics, 2016, 13(2): 663 – 676.

[14] Song X, Lin Q, Guo L, et al. Rifampicin loaded mannosylated cationic nanostructured lipid carriers for alveolar macrophage-specific delivery [J]. Pharmaceutical Research, 2015, 32(5): 1741 – 1751.

[15] Yang Q Q, Li L, Zhu X, et al. The impact of the HPMA polymer structure on the targeting performance of the conjugated hydrophobic ligand [J]. RSC Advances, 2015, 5(19): 14858 – 14870.

[16] Xu B, Jin Q S, Zeng J, et al. Combined tumor-and neovascular- "dual targeting" gene/chemo-therapy suppresses tumor growth and angiogenesis [J]. ACS Applied Materials & Interfaces, 2016, 8(39): 25753 – 25769.

[17] Yu K K, Li K, Qin H H, et al. Construction of pH-sensitive "submarine" based on gold nanoparticles with double insurance for intracellular pH mapping, quantifying of whole cells and in vivo applications [J]. ACS Applied Materials & Interfaces, 2016, 8(35): 22839 – 22848.

[18] Li Y P, Liu Q H, Li W Y, et al. Design and validation of PEG-derivatized vitamin E copolymer for drug delivery into breast cancer [J]. Bioconjugate Chemistry, 2016, 27(8): 1889 – 1899.

[19] Yang Q Q, Li L, Sun W, et al. Dual stimuli-responsive hybrid polymeric nanoparticles self-assembled from POSS-based starlike copolymer-drug conjugates for efficient intracellular delivery of hydrophobic drugs [J]. ACS Applied Materials & Interfaces, 2016, 8(21): 13251 – 13261.

[20] Xu X L, Li L, Zhou Z, et al. Dual-pH responsive micelle platform for co-delivery of axitinib and doxorubicin [J]. International Journal of Pharmaceutics, 2016, 507(1 – 2): 50 – 60.

[21] Jin X, Zhang P L, Luo L, et al. Efficient intravesical therapy of bladder cancer with cationic doxorubicin nanoassemblies [J]. International Journal of Nanomedicine, 2016, 11: 4535 – 4544.

[22] Li W H, Yi X L, Liu X, et al. Hyaluronic acid ion-pairing nanoparticles for targeted

tumor therapy [J]. Journal of Controlled Release，2016，225：170 - 182.

[23] Hu T T，Cao H，Yang C L，et al. LHD-Modified mechanism-based liposome coencapsulation of mitoxantrone and prednisolone using novel lipid bilayer fusion for tissue-specific colocalization and synergistic antitumor effects [J]. ACS Applied Materials & Interfaces，2016，8(10)：6586 - 6601.

[24] Zhang Q，Deng C F，Yao F，et al. Repeated administration of hyaluronic acid coated liposomes with improved pharmacokinetics and reduced immune response [J]. Molecular Pharmaceutics，2016，13(6)：1800 - 1808.

[25] Li L，Sun W，Zhang Z R，et al. Time-staggered delivery of docetaxel and H1 - S6A，F8A peptide for sequential dual-strike chemotherapy through tumor priming and nuclear targeting [J]. Journal of Controlled Release，2016，232：62 - 74.

[26] Guo L，Luo S，Du Z W，et al. Targeted delivery of celastrol to mesangial cells is effective against mesangioproliferative glomerulonephritis [J]. Nature Communications，2017，8(878)：1 - 17.

[27] Deng C F，Zhang Q，Fu Y，et al. Coadministration of oligomeric hyaluronic acid-modified liposomes with tumor-penetrating peptide-iRGD enhances the antitumor efficacy of doxorubicin against melanoma [J]. ACS Applied Materials & Interfaces，2017，9：1280 - 1292.

[28] Hou X Y，Yang C L，Zhang L J，et al. Killing colon cancer cells through PCD pathways by a novel hyaluronic acid-modified shell-core nanoparticle loaded with RIP3 in combination with chloroquine [J]. Biomaterials，2017，124：195 - 210.

[29] Sun D，Zhou J K，Zhao L S，et al. Novel curcumin liposome modified with hyaluronan targeting CD44 plays an anti-leukemic role in acute myeloid leukemia in vitro and in vivo [J]. ACS Applied Material & Interfaces，2017，9(20)：16857 - 16868.

[30] Chen T J，Song X，Gong T，et al. nRGD modified lycobetaine and octreotide combination delivery system to overcome multiple barriers and enhance anti-glioma efficacy [J]. Colloids and Surfaces B：Biointerfaces，2017，156：330 - 339.

[31] Long J L，Yang Y P，Kang T Y，et al. Ovarian cancer therapy by VSVMP gene mediated by a paclitaxel-enhanced nanoparticle [J]. ACS Applial Material & Interfaces，2017，9：39152 - 39164.

[32] Yang Q Q，Wu L，Li L，et al. Subcellular co-delivery of two different site-oriented payloads for tumor therapy [J]. Nanoscale，2017，9：1547 - 1558.

[33] Yang X，Li Z J，Wu Q J，et al. TRAIL and curcumin codelivery nanoparticles enhance TRAIL-induced apoptosis through upregulation of death receptors [J]. Drug Delivery，2017，24(1)：1526 - 1536.

[34] Chen Y G，Huang P，Chen H，et al. Assessment of the biocompatibility and

biological effects of biodegradable pure zinc material in the colorectum [J]. ACS Biomaterial Science and Engineer，2018：A - I.

[35] He Z Y，Zhang Y G，Yang Y H，et al. In Vivo ovarian cancer gene therapy using CRISPR-Cas9 [J]. Human Gene Therapy，2018，29(2)：223 - 233.

[36] Li L，Zhou M L，Huang Y，et al. Synergistic enhancement of anticancer therapeutic efficacy of HPMA copolymer doxorubicin conjugates via combination of ligand modification and stimuli-response strategies [J]. International Journal of Pharmaceutics，2018，536：450 - 458.

第 4 章

小动物活体可见光成像实验技术

小动物活体可见光成像实验技术是一种非侵入性、高灵敏度的生物成像方法，能够实时地、连续地观察生物体内的生物过程。本章重点介绍小动物活体可见光成像实验的基本步骤以及两种成像方法的常用技术。两种技术的基本实验步骤相似，在构建稳定的细胞系和动物模型后，利用可见光成像设备进行检测。具体选择何种成像方法，需要根据实验目的、实验条件、操作难度等因素综合考虑。

4.1 小动物活体可见光成像概述和基本实验技术

小动物活体可见光成像也称为体内可见光成像（optical in-vivo imaging），是活体动物体内成像的一种常用的定性和定量方法。其利用荧光素酶基因或荧光蛋白等标记物，采用高灵敏的电荷耦合器件（CCD）相机，在特制成像暗箱内拍摄，并通过专业图像处理软件，可从细胞水平和分子水平监测靶细胞的活动、基因的表达，适用于研究分子水平的代谢和生理学过程，也称为功能成像。小动物活体可见光成像主要包括生物发光成像和荧光发光成像两种技术。

4.1.1 生物发光成像与荧光发光成像比较

生物发光成像与荧光发光成像两种技术具备各自的优势，简单总结如表 4-1 所示。

表 4‑1　生物发光成像与荧光发光成像比较

成像技术	生物发光成像	荧光发光成像
主要应用领域	报告基团表达,细胞、病毒、细菌等示踪	报告基团表达,细胞、病毒、细菌等示踪,蛋白和小分子示踪
优　点	极高的灵敏度;对环境变化反应迅速;成像速度快,图像清楚;体内检测最低仅需 10^2 细胞量	多种蛋白及染料可用于多重标记;标记相对简单;可同时用于 FACS 分类;未来可能用于人体
缺　点	信号较弱,需要灵敏的 CCD 镜头;需要注入荧光素;仪器精密度要求高;细胞或基团需要标记	非特异性荧光限制了灵敏度;体内检测最低需要 10^6 细胞量;需要不同波长的激发光;很难精确体内定量

4.1.2　成像质量的主要影响因素

小动物活体成像技术的成像质量受到 CCD 相机性能、细胞内基因表达、荧光素底物浓度和温度等因素影响。

4.1.2.1　CCD 性能

成像的质量直接取决于 CCD 相机的性能,包括分辨率、速度和强度。

像素和 CCD 尺寸决定了分辨率的高低。在 CCD 面积一定的情况下,像素点越大(相机像素越低),接收光时能产生更多信号,对光越灵敏;像素点越小(相机像素越高),成像分辨率越高,但感光性能下降。一味增加像素面积会降低分辨率,而降低像素面积则会降低信噪比。因此,选定合适的像素面积,选用更大面积的 CCD 可在增加像素的基础上,保证成像质量。

成像速度主要与信噪比(signal-noise ration,SNR)、灵敏度和读出率有关。信噪比对同级别 CCD 芯片来说,是影响成像质量的关键因素,与成像系统整体相关。在光子流不变的情况下,量子效率和噪声、暗噪声的读出率是影响信噪比的重要因素。

强度的参照指标则为动态范围。动态范围即为灰阶,描述图像中包含的颜色数,以二进制的 bit 值表现。如 bit 为 16,意味着图像中包含 256 种颜色。高动态范围可以更准确地捕捉荧光信号细微差异,从而在图像上展现不同深浅或色彩。

4.1.2.2 细胞内基因的表达情况、荧光素底物浓度和温度影响荧光素酶成像

生物发光成像本质上是酶-底物的生化反应,受到酶量、底物浓度和温度的影响,反应程度的高低直接影响荧光强度和成像快慢。基因表达程度越高,合成荧光素酶的量越大,在适宜的温度下,氧化荧光素浓度越高,荧光强度越高,成像质量也就越高。因此,选用强启动子操纵重组基因或融合蛋白的表达,保持实验成像和检测系统良好的恒温状态有利于实验动物维持体温,保证酶促反应,提高成像质量。

因此,提高成像质量,首先要构建带有强启动子的重组基因或融合蛋白;其次要控制好实验细胞量、荧光素底物浓度和环境温度;再者,成像时要选择合适的 CCD 芯片和曝光时间以提高成像质量。

在实验中可选择背景荧光低不容易反光的黑纸遮盖金属载物台,降低反射干扰。注意排空实验动物尿液等杂质,减少非特异信号。保持同一批实验的拍摄位置和曝光时间相对固定,减少实验误差。如图像非特异性信号多,需降低曝光时间。如信号过弱可适当延长曝光时间。最后,正确选择阈值以调整感兴趣的区域(region of interest,ROI),提高分析数据的准确性。

4.1.3 小动物活体可见光成像实验技术基本实验流程

小动物活体可见光成像实验技术的基本实验流程是先将目标基因及荧光素酶基因导入实验需要的细胞内,通过单克隆细胞技术筛选出稳定表达荧光素酶的细胞;待细胞消化后,再将定量细胞悬液注射到动物体内;然后定期利用小动物成像仪观察动物,以观察待测指标的变化情况。

4.1.3.1 构建细胞系

在选择合适的荧光分子或生物发光酶时,荧光分子方面可以选择常用的 FITC(fluorescein isothiocyanate)、TRITC(tetramethylrhodamine isothiocyanate)、Cy3(cyanine3)、Cy5(cyanine5)等。生物发光酶方面可以选择海肾荧光素酶等。在选择过程中,需考虑荧光分子或生物发光酶的光谱特性(如激发波长、发射波长、荧光寿命等)、组织穿透性(如在活体成

像中,红光和近红外光具有较好的组织穿透性),毒性等因素,以确保实验的有效性和安全性。

基因工程方法用于构建融合表达载体,需首先设计合适的引物,将荧光分子或生物发光酶的编码序列与目标基因的编码序列连接。接下来,将融合序列克隆到表达载体(如哺乳动物表达载体、细菌表达载体等)中,形成融合表达载体。然后,通过转染(如脂质体介导转染、电穿孔等方法)将融合表达载体引入目的细胞。细胞内表达出的融合蛋白将具有荧光分子或生物发光酶的光学性质。

在融合蛋白表达和纯化后,需使用光谱仪检测融合蛋白的光谱特性,如激发波长、发射波长等,以验证荧光分子或生物发光酶的光学性能。同时,通过凝胶电泳检测融合蛋白的分子量和纯度,确保蛋白质的正确表达和纯化。此外,还可通过功能实验(如酶活性测定、荧光定量 PCR 等方法)验证融合蛋白的生物活性,以确保标记后的靶标分子在实验中具有良好的光学性能和生物活性。

4.1.3.2　构建动物模型

在实验中,选择合适的实验动物品系至关重要。通常选用小鼠或大鼠作为实验动物,品系包括野生型(WT)、基因敲除(KO)、基因敲入(KI)等。在选择实验动物时,需考虑年龄、性别、基因背景等因素,以确保实验结果的可靠性和一致性。例如,不同年龄的动物可能存在生理差异,而性别差异可能导致荷尔蒙水平的变化,进而影响实验结果。

为使实验动物适应实验环境,将动物放置在实验室环境中至少一周,以适应温度、湿度、光周期等条件。在此期间,需要为动物提供合适的饲料和水源,并确保动物间的密度适中。同时,需定期观察动物的健康状况,如体重、精神状态、生理反应等,确保其适合进行实验。

将标记好的靶标分子输入实验动物体内时,常用方法包括尾静脉注射、腹腔注射、皮下注射等。在操作过程中,需考虑剂量、时间、途径等因素,以确保实验的成功进行。例如,剂量的选择需要考虑荧光或生物发光信号的强度和特异性,而途径的选择可能影响药物或标记分子在体内的分布和代谢。此外,还需根据实验需求设置实验组和对照组,如设置药物处理组、基因敲除组、基因过表达组等,以便对比分析实验结果。

4.1.3.3　活体成像

活体成像仪器的选择需依据仪器的灵敏度、分辨率、光谱范围等参数进行。常用的仪器包括 IVIS 光学成像系统、Maestro 光学成像系统等。设置的成像参数包括荧光激发和发射波长、生物发光底物浓度、曝光时间、增益等，并根据实验需求进行优化。同时，可进行预实验，以确定最佳成像参数。

小动物活体成像具体步骤如下：将实验动物置于成像仪器中，需考虑动物的体位、麻醉状态等因素，通常使用异氟醚等麻醉剂对小动物进行麻醉，以减轻动物的疼痛和不适。小鼠经过常规麻醉后（如使用生物发光，则同时注射荧光素底物；如使用荧光成像，则选择合适的发射滤片），放入成像暗箱平台，在电脑软件内选择合适视野，自动开启照明灯（明场）拍摄第一次背景图。下一步，自动关闭照明灯，在无外界光源的条件下（暗场）拍摄第二次背景图。两次背景图叠加后可以直观地显示体内荧光的部位和强度，完成成像操作，可进行实时连续成像。成像时间间隔可根据实验需求设定，如每小时、每天等。观察荧光或生物发光信号的分布、强度和变化。仔细记录实验过程中的相关信息，如实验过程中的环境参数（温度、湿度等）、动物体重、荧光或生物发光信号的时间依赖性等。这些信息对后续数据分析具有重要意义。

4.1.3.4　数据处理

成像数据的定量分析包括信号强度、信号分布范围、信号变化趋势等，可使用成像仪器自带的分析软件或第三方软件进行分析，同时需进行背景扣除，以消除非特异性信号的干扰。

实验组和对照组的数据还需要进行统计学分析，如 t 检验、方差分析等，以验证实验结果的可靠性和显著性。

实验完成后要结合实验目的，分析实验结果。如药物治疗效果、基因表达变化、肿瘤生长和转移等。可将实验数据与其他实验方法（如组织切片、分子生物学方法等）的结果进行对比和整合，以提高结果的可靠性和科学性。

4.2　小动物生物发光成像实验技术

小动物生物发光成像技术主要包括构建表达载体、培养目标细胞与转染、稳定转染细胞系的筛选、原位接种细胞系。接种一段时间（2 周）后，进行活体小动物成像，观察荧光数量和强度。

4.2.1　荧光素酶表达载体的构建

常用的载体包括细菌质粒、噬菌体、细菌病毒和动植物病毒等。

使用细菌质粒构建表达载体的基本步骤如下：用限制性内切酶酶切 PGL3 promote 荧光素报告载体，回收萤火虫荧光素酶基因片段（Luc）；通过连接酶与 PRC/CMV2（质粒），构建包含 Luc 片段的质粒基因序列；利用生物信息学方法分析并预测启动子区可能的转录因子结合位点后，设计引物用 PCR 法从基因组 DNA 中克隆所需的靶启动子片段，将此片段插入到荧光素酶报告基因质粒中；筛选阳性克隆，测序，扩增克隆并提纯质粒备用，扩增转录因子质粒，提纯备用；同时准备相应的空载质粒对照，提纯备用。

野生型噬菌体的全长 DNA 上有多种限制酶酶切点，经除去部分限制酶酶切点后可用作功能性载体。噬菌体载体有两种类型：① 插入型。由于改建后的噬菌体 DNA 都短于野生型，所以可插入外源 DNA，只要插入的位置不影响噬菌体增殖。而且噬菌体 DNA 缺失越长，插入片段就可越大。② 置换型。置换型噬菌体是使用最广泛的载体。噬菌体的基因组可分为三个区域，分别为左侧区、右侧区和中间区。左侧区包括使噬菌体 DNA 成为一个成熟的、有外壳的病毒颗粒所需的全部基因，全长约 20 kb。右侧区内包含所有的调控因子、与 DNA 复制及裂解宿主菌有关的基因，这个区域长约 12 kb。中间区域长约 18 kb，这一段 DNA 可以被外源置换而不会影响噬菌体裂解生长的能力。置换型载体 DNA 用选定的限制酶完全酶切后，要设法除去中间片段，只留下左臂和右臂以便用外源 DNA 片段连接，包装成重组噬菌体。使用 Xgal 蓝色噬菌斑试验筛选噬菌体。重组噬菌体形成的噬菌斑是无色透明，而中间片段恢复的噬菌体形成蓝色噬菌斑。

噬菌体、细菌病毒和动植物病毒均属于病毒载体，基本构建方法类似，在此不做过多赘述。

4.2.2　哺乳动物细胞的培养与转染

在荧光素酶表达载体构建完成后，需要进行目标细胞的培养及转染。

培养目的细胞,并接种于 24 孔板中,生长 10～24 h(80% 汇合度)。将报告基因质粒与转录因子表达质粒共转染细胞。提取蛋白并用于荧光素酶检测。加入底物,测定荧光素酶的活性。计算相对荧光强度,并与空载对照比较,确定转染效果。

转染(transfection)是真核细胞主动或被动导入外源 DNA 片段而获得新的表型的过程。从本质上讲,转染和转化没有根本的区别。无论是转染还是转化,其关键因素都是用氯化钙处理大肠杆菌细胞,以提高细胞膜的通透性,从而使外源 DNA 分子能够容易进入细胞内部。所以在习惯上,人们往往也通称转染为广义的转化。常规转染技术可分为瞬时转染和稳定转染(永久转染)两大类。

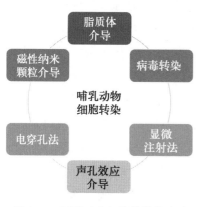

图 4-1　哺乳动物细胞的转染方法

常用的方法有脂质体介导、显微注射法和电穿孔法等,如图 4-1 所示。

1) 脂质体介导的细胞转染

脂质体是由天然脂类和类固醇组成的微球,根据其结构所包含的双层膜层数可分为单室脂质体和多室脂质体,含有 1 层类脂双分子层的囊泡称为单室脂质体,含有多层类脂双分子层的囊泡称为多室脂质体。脂质体转染法可能的机理是阳离子脂质体与带负电的基因通过静电作用形成的脂质体基因复合物,此复合物因阳离子脂质体的过剩正电荷而带正电,借助静电作用吸附于带负电的细胞表面,再通过与细胞膜融合或细胞内吞作用而进入细胞内,脂质体基因复合物在细胞质中可能进一步传递到细胞核内释放基因,并在细胞内获得表达。

脂质体介导的细胞转染包括两个步骤,首先是脂质体与 Luc 基因形成复合物,然后介导与细胞作用,将 Luc 基因释放到细胞中。脂质体作为基因转移载体具有以下优点:易于制备,使用方便,不需要特殊的仪器设备;无毒;与生物膜有较大的相似性和相容性,可生物降解;目的基因容量大,可将 DNA 特异性传递到靶细胞中,使外源基因在体外细胞中有效表达;具有广谱、高效、快速转染的特点。但也存在不足:表达量较低,持续时间较短,稳定性欠佳。目前中文文献报道的多为脂质体转染法。

2) 病毒为载体介导的细胞转染

相比而言,病毒介导的 Luc 基因整合更稳定,病毒能够有效感染的细胞范围更为广泛。王海娟等研究构建表达 Luc2 基因的反转录病毒载体,将多次收获的表达该病毒的上清储存后,可用于感染多种肿瘤细胞系,从而将 Luc2 基因整合人细胞,并可在生物发光成像系统中直接挑选阳性克隆,获得稳定表达荧光素酶的阳性肿瘤细胞株。该方法十分简便快捷,成功率高,为后续利用生物发光在体成像系统进行检测追踪 Luc2 阳性细胞动态的研究创造了条件。但是由于病毒载体需整合到转染细胞的染色体中才能够使外源基因得以表达,因而具有致癌、致畸的危险。安全性较差这一缺陷已经成为限制病毒载体广泛应用的主要原因。

3) 显微注射法

显微注射法是基因枪技术最早应用在动物中的一种基因转移方法。这项技术是利用管尖极细(0.1~0.5 μm)的玻璃微量注射针将外源 Luc 基因直接注射到培养的细胞中,然后由宿主基因序列可能发生的重组、缺失、复制或移位等现象而使外源 Luc 基因嵌入宿主的染色体内。这种技术的优点是任何 DNA 在原则上均可传入任何种类的细胞内;但是需有相当精密的显微操作设备,对细胞的损伤较大,不能广泛应用。

4) 声孔效应介导的细胞转染法

声孔效应介导的细胞转染法是用超声微泡介导的细胞转染法,其原理如下:超声造影剂是一种以白蛋白、脂质、多聚体等为外壳的含气体的微泡,在一定能量的声场中,微泡随着声波频率产生压缩和扩张并伴随着气泡内压力和体积的反复变化,这个过程叫作超声空化。而在较高的声场中,气泡因急剧压缩、闭合破裂而形成微流、冲击波及射流等激烈过程,使周围组织的细胞膜上出现可逆性或不可逆性小孔,使细胞膜通透性增高,促进外源基因进入细胞内。随着技术的进一步完善,如联合使用微泡造影剂,基因的转染率提高了 300 倍,比单独应用裸 DNA 的转染率增加将近 3 000 倍。

5) 电穿孔法

电穿孔法是利用脉冲电场在细胞膜上形成空洞,从而使外源基因进入细胞的一种物理方法。其操作方便、毒性低、转染效率高、使用细胞种类广泛；需有特殊设备。

6）磁性纳米颗粒介导的转染法

磁性纳米颗粒介导的转染法是将磁性颗粒与某些生物大分子通过化学共价键或物理黏附作用相结合，形成具有磁性的微粒。通过磁性微粒的表面活性与病毒或非病毒载体耦联，再与目的基因相结合，或者直接与目的基因相结合，构成载附基因的磁性微球。在外加梯度磁场的作用下，磁性微球会随着磁场力的导向浓集于细胞表面，在细胞的内吞作用下，磁性微球进入细胞内从而使目的基因载入。该方法具有靶向强、转染效率高的优点。体外基因转染实验发现，MNPs - PEI 能将 PGL2 - control 质粒 DNA 导入肿瘤细胞中，进而表达荧光素酶，而外加磁场后转染效率可增加几倍。

随着荧光素酶报告基因技术的发展、检测方法的改进，相信在不远的将来，荧光素酶在活细胞和有机体中实时成像中可以发挥更大的作用，报告基因技术也将会作为新技术用于临床实践，扩展到临床检验及药物治疗等领域。

4.2.3 稳定转染细胞系的筛选

如图 4 - 2 所示，外源基因需经过摄取、整合、表达三个初步筛选过程。外源基因进入细胞后，少部分能够通过细胞质进入细胞核内；极少数情况下，进入细胞的外源 DNA 最终整合进细胞染色体，但整合并不一定意味着表达。

初步筛选常用的工具有 Neo 基因（新霉素抗性基因）。Neo 基因被整合进真核细胞基因组合适的地方后获得抗性产物，使细胞获得抗性而能在含有 G418 的选择性培养基中生长。G418 是一种氨基糖苷类抗生素，是稳定转染最常用的选择试剂，G418 筛选直至抗性克隆的出现。

筛选步骤如下：挑选抗性克隆至 96 孔板，传代至第 5 代时检测荧光素酶活性，保留荧光值 RLU 高的细胞克隆继续传代；5 代后再次检测荧光素酶活性，保留荧光值 RLU 高的细胞克隆继续传代；直至第 40 代，得到稳定表达荧光酶基因的细胞系。

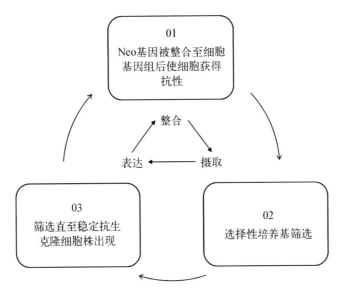

图 4‑2　稳定转染细胞系初步筛选示意图

4.2.4　细胞系动物原位接种

细胞系原位接种需依据实验目的选择合适的动物和接种方法。

4.2.4.1　实验动物接种方法

下面以小白鼠、豚鼠与家兔为例说明实验动物的接种方法。

1) 小白鼠

接种时用拇指与食指固定鼠头,消毒注射部位,于眼后角、耳前线和颅中线构成的三角区域中间进行注射,进针 2~3 mm。乳鼠注射量为 0.02 mL,成年鼠注射量为 0.03 mL。

2) 豚鼠与家兔

颅中线旁约 5 mm 平行线与经动物瞳孔横线交叉部位注射。去毛,消毒注射部位,固定皮肤,钻头刺穿颅骨,拔钻后沿钻孔进针。选 25 或 26 号针头,进针深度 4~10 mm,注射量为 0.1~0.25 mL。操作在麻醉下进行。

4.2.4.2　细胞系接种常用方法

细胞系接种常通过皮下、腹腔、静脉、消化道、鼻腔、角膜、颅内 7 种途径进行。

1）皮下接种法

注射时轻轻捏起皮肤,手持注射器将针头刺入,固定后即可进行注射。小鼠的注射部位一般在背部或前肢腋下,大鼠在背部或侧下腹部;豚鼠在后大腿内侧、背部等脂肪少的部位;兔在背部或耳根部;狗多在大腿外侧。皮下接种多用于观察动物病毒感染后的免疫学指标。

2）腹腔接种法

固定动物,消毒皮肤,在左或右侧腹部将针头刺入皮下,沿皮下向前推进约 0.5 cm,再使针头与皮肤呈 45°夹角刺入腹腔,回抽无肠液、尿液后,缓缓注射。大小鼠接种多用此方法。腹腔接种可用于病毒感染及感染后免疫指征的观察,或作为抗病毒的给药途径。

3）静脉接种法

小鼠、大鼠的静脉注射常采用尾静脉注射。鼠尾静脉共有 3 根,左右两侧和背侧各 1 根,两侧尾静脉比较容易固定,常被采用。豚鼠的静脉注射一般采用前肢皮下静脉注射。兔的静脉注射一般采用外耳缘静脉注射。

4）消化道接种法

在分离腹泻病毒或对消化道病毒感染的研究中,可采用灌胃接种法将所接种的临床标本或病毒用灌胃器灌到动物胃内。抓取固定小鼠,用灌胃器吸取接种物,将灌胃针从鼠的口腔插入,使口腔与食道成一条直线,再将灌胃针沿咽后壁慢慢插入食道,可感到轻微的阻力,此时可略改变灌胃针方向,顺势接种,接种量为 0.2 mL/10 g。

5）鼻腔接种法

动物用乙酰麻醉,固定动物使头部仰起,经注射器将接种物滴入动物鼻腔,小鼠的接种量为 0.03～0.05 mL,大鼠的接种量为 0.05～0.1 mL。

6）角膜接种法

用乙醚或 5%可卡因局部麻醉家兔,细针尖轻划角膜,划痕与眼裂平行,约 3 道。接种液滴加 2～3 滴,接种后 48～72 h 观察结果。

7）颅内接种法

将临床标本或特定的病毒直接接种于动物脑内,使动物形成实验性中枢神经系统感染。

4.3　小动物荧光发光成像实验技术

常用的小动物荧光发光成像技术包括荧光蛋白标记技术、荧光染料标记技术和量子点标记技术。

4.3.1　荧光蛋白标记技术

本节以 GFP 标记为例,简要说明荧光蛋白标记技术操作步骤。

1）目标细胞培养

根据实验目的,选取特定细胞在特定培养基和环境中培养,达到指定融合度后,用胰酶消化并传代。

2）融合基因构建及转染

利用基因重组技术,如融合 PCR 或传统使用内切酶和连接酶的方式,将目的基因与 GFP 报告基因构建成为融合基因。采用脂质体转染法、病毒感染或电穿孔转染法将融合基因导入目标细胞,一段时间后,使用荧光显微镜观察荧光数量及强度以确定转染效果。

3）构建稳定表达 GFP 的细胞系

在含特定筛选因素的完全培养基上进行培养和筛选,若筛选 48 h 后非转染细胞全部死亡,则获得稳定表达 GFP 的细胞系。

4）原位接种细胞系

将筛选好的细胞系扩增至一定数量,经消化、离心、重悬、调整细胞数量级等操作后,对小动物进行细胞系原位移植。

5）活体成像

在规定时间后,利用活体成像技术观察荧光数量及强度,间接监测细胞系的生长情况、目的基因的表达情况等。

4.3.2　荧光染料标记技术

荧光染料标记技术主要包括直接标记法、间接标记法、改良法和透析法。以 FITC 标记抗体为例简述标记步骤。

1) 直接标记法

（1）准备抗体：测定提纯 1 g 溶液的蛋白质含量，按照实验要求使用生理盐水和 pH 值为 9.5 的碳酸盐缓冲液进行稀释，冰槽中搅拌 5～10 min。

（2）准备荧光染料：按每毫克抗体蛋白 10～20 μg FITC 准确称取染料。

（3）标记：加入染料同时搅拌，避免粘壁，置于 4℃ 条件下持续搅拌 12～18 h。

（4）透析：标记完成后，以 3 000 r/min 离心 20 min，除去沉淀物，溶液装入透析袋，置于 pH 值为 8.0 的缓冲盐的烧杯中透析 12 h。

（5）过柱：取透析后的标记物，过葡聚糖凝胶 G - 25 或 G - 50 柱，分离游离的 FITC，收集标记的荧光抗体进行鉴定。

2) 间接标记法

（1）准备抗体：在 0～4℃ 条件下，按照实验要求，用 pH 值为 8.0 的 PBS 稀释抗体蛋白溶液，并置于容器放入冰槽中。

（2）准备染料：按每毫克抗体蛋白 10～20 μg FITC 准确称取染料，溶解于与抗体溶液等量的 3％ 碳酸氢钠水溶液中，再将两种溶液混合，在 0～4℃ 条件下搅拌 18～24 h；透析或过柱层析。

3) 改良法

（1）准备抗体、准备染料和标记步骤同直接标记法。

（2）提纯：使用半饱和硫酸铵分离已被标记的抗体蛋白沉淀，再将硫酸铵混合溶液 3 000 r/min 离心 30 min，除去上清中的游离染料，再用缓冲盐水透析除去硫酸铵。将制备好的荧光抗体加 0.01％ NaN₃，分装保存。

4) 透析法

（1）准备抗体：按照实验要求，用 pH 值为 9.2 的碳酸盐缓冲液稀释抗体并装入透析袋中。

（2）准备染料和透析：同样用 pH 值为 9.2 的碳酸盐缓冲液制备 FITC 溶液，置于容器内，并将透析袋浸没其中，置于 4℃ 条件下搅拌 24 h。

（3）过柱：取出透析袋中溶液，立即过葡聚糖凝胶 G - 25 或 G - 50

柱,除去游离荧光素,收集荧光抗体进行鉴定。

4.3.3　量子点标记技术

量子点是一类新兴的微小晶体荧光标记材料,发光原理与荧光蛋白、荧光染料相似。与传统的标记材料相比,量子点具有荧光强度高、发光颜色多样、冷光寿命长、可以减弱甚至消除背景荧光的影响、量子点波谱范围宽等优势和特点。在各种量子点中,碲化镉量子点应用最为广泛。

量子点标记基本步骤与荧光染料标记技术相似,在此仅介绍几种方法的原理。

1) 静电吸引法

正电氢核与负电原子会产生静电吸引。经巯基乙酸修饰后,表面带负电的量子点与表面带正电的蛋白质可直接通过静电吸引结合。对于表面非正电的蛋白质,可利用正电基团改造蛋白质末端,使其具备静电吸附量子点的能力。

2) 常规交联剂连接法

交联剂是一类具有多个反应性末端的小分子化合物,可以和多个分子偶联从而使这些分子结合在一起。因此,利用缩合作用,可以使量子点与小分子物质通过交联剂进行偶联标记。

3) 生物素-亲和素法

生物素具有咪唑酮环,可与亲和素(avidin, AV)非共价结合,是目前已知强度最高的非共价作用,具有稳定性好、特异性强,不受试剂浓度、pH 环境、变性剂等影响的优势。结合酶、荧光染料或量子点的亲和素和生物素产生多级放大作用,相比其他方法,其特异性和灵敏度进一步提高,适用于抗原抗体相互识别、活体标记及特异性标记。

参考文献

[1] Liu N, Chen X, Kimm M A, et al. In vivo optical molecular imaging of inflammation and immunity[J]. Journal of Molecular Medicine (Berliner), 2021, 99 (10): 1385 – 1398.

[2] Wu C, Gleysteen J, Teraphongphom N T, et al. In-vivo optical imaging in head and neck oncology: basic principles, clinical applications and future directions [J].

International Journal of Oral Science，2018，10(2)：10.

［3］Moreno M J，Ling B，Stanimirovic D B，In vivo near-infrared fluorescent optical imaging for CNS drug discovery［J］. Expert Opinion on Drug Discovery，2020，15(8)：903 - 915.

［4］兰海云，汪爱勤，尹文，等. 在体生物发光成像技术在生物医学中的应用［J］. 生物技术通讯，2011，22(2)：286 - 291.

［5］夏继波，肖会芝，钱近春，等. 基于荧光素酶报告基因的生物活性检测试剂：中国，CN202010791653.1［P］. 2021 - 01 - 08.

［6］付元磊，李亚平，于文君，等. 一种双荧光素酶报告基因载体构建方法及其应用：中国，CN202211596591.4［P］. 2023 - 03 - 14.

［7］La Rosa S L，Diep D B，Nes I F，et al. Construction and application of a luxABCDE reporter system for real-time monitoring of Enterococcus faecalis gene expression and growth［J］. Applied and Environmental Microbiology，2012，78(19)：7003 - 7011.

［8］Craney A，Hohenauer T，Xu Y，et al. A synthetic luxCDABE gene cluster optimized for expression in high-GC bacteria［J］. Nucleic Acids Research，2007，35(6)：e46.

［9］陈丹，王文静，王庆雅，等. 生物发光成像技术在肿瘤细胞活体可视化研究中的应用研究进展［J］. 陕西医学杂志，2022，51(1)：111 - 116.

［10］侯凌燕，章竹君，周福林，等. 几种常用荧光探针的化学发光成像研究［J］. 分析化学，2007，35(2)：285 - 288.

［11］张腾飞，杨晶，侯岩雪，等. 基于光参量变频与放大的高灵敏红外成像技术［J］. 物理学报，2016(1)：154 - 159.

［12］裴文，金振华. 萤火虫荧光素酶和荧光素酶基因［J］. 生物工程进展，1991，11(3)：16 - 19.

［13］李建华，李春艳，靳天辉，等. 荧光素酶报告基因在科研中的应用［J］. 大家健康：现代医学研究，2013，7(4)：201 - 202.

［14］李俊龙，刘小康，王祎. TFF1 基因启动子双荧光素酶报告基因载体的构建及活性鉴定［J］. 四川生理科学杂志，2019，41(3)：186 - 189.

［15］朱明慧，李晓静，王浩民，等. 原核和真核双表达载体的构建及功能分析［J］. 中国细胞生物学学报，2022，44(3)：437 - 442.

［16］王海娟，孟希亭，栾青春，等. 反转录病毒介导的 Luciferase 基因稳定转染细胞株的建立及其生物发光成像检测［J］. 解放军医学杂志，2012，37(5)：409 - 414.

第 5 章

小动物活体光学成像技术的前沿应用

作为一项新兴的分子、基因表达的分析检测技术,小动物活体成像技术已成功应用于生命科学、生物医学、分子生物学和药物研发等领域,取得了大量研究成果,主要包括活体监测肿瘤的生长和转移、基因治疗中的基因表达、机体的生理病理改变过程以及药物的筛选和评价等。

5.1 小动物活体光学成像技术在药物研究中的应用

目前小动物活体成像技术已广泛应用于肿瘤治疗药物的临床前研发阶段,发挥越来越重要的作用。全球各大制药企业均已采用活体成像技术开展抗肿瘤新药的研发,其中已有多种药物获得 FDA 认证,另有一些药物处于临床测试阶段。应用小动物活体光学成像技术进行新药研发,主要在活体动物水平进行药效评价及观测药物在活体动物体内的靶向、分布及代谢。

5.1.1 小动物活体光学成像技术在药效学评价中的应用

以抗肿瘤药物研究为例,以往对于肿瘤分子机理的研究一直局限于体外水平,体外研究的主要问题在于无法完全模拟肿瘤在人体体内真实的生理微环境,因此,单一的体外研究结果并不能完全真实地反映肿瘤的发生发展机理。小动物活体光学成像技术使科研人员能够进一步将肿瘤分子机理的研究由体外拓展至体内,如在活体动物水平研究肿瘤相关基因在肿瘤发生发展进程中的作用,观测肿瘤发生发展过程中特异性分子事件的发生等。

　　研究者可以选择标记抗肿瘤药物,然后把标记过的抗肿瘤药物运用在活体动物体内,给予已接种肿瘤的小鼠以不同治疗方式、不同剂量、不同疗程的抗肿瘤药物。再利用活体成像技术,在不同时间点动态观察癌细胞在活体内的生物学变化特点,最终确定抗肿瘤药物的最佳治疗方式、剂量、给药时间等。除直接标记肿瘤药物的方法之外,研究者也可选择标记肿瘤细胞。绿色荧光蛋白(green fluorescent protein,GFP)、β 半乳糖苷酶(fLacZ)、萤火虫荧光素酶(Luc)等都是目前应用较广的动物活体成像生物标记。运用这种方法,可建立起多种肿瘤细胞动物模型,用于抗肿瘤药物的筛选及药效学评价。

5.1.1.1　生物发光技术在药效学评价中的应用

　　应用生物发光技术进行肿瘤相关基因的研究方法,主要是利用荧光素酶标记特定基因,构建特定基因-荧光素酶的共表达载体,通过荧光素酶产生的生物发光信号反映该基因的表达情况,研究该基因的相关作用。研究发现,p53 是调节细胞正常生命活动的一种重要基因,在细胞周期的启动过程中发挥重要作用。p53 也同时被认为是一种重要的抑癌基因。目前,在人类 50% 以上的肿瘤组织中均发现 p53 基因发生突变,这是肿瘤中最常见的遗传学改变,说明该基因的改变很可能是人类肿瘤产生的主要发病因素。例如,研究者将一个同时带有致癌基因 ras、四环素反式激活因子 tTA("tet-off")及四环素依赖性 p53 shRNA 的逆转录病毒表达载体与荧光素酶基因质粒对从小鼠胚胎提取的成肝细胞进行共转染,并将转染细胞接种于小鼠肝脏,观测 p53 基因表达关闭或开启时对于肝癌发生或消亡的作用。结果显示,当 p53 的表达被 shRNA 抑制时,通过生物发光观测到的肿瘤信号逐渐增强,而当给小鼠注入多西环素(doxycycline)开启 p53 的表达后,肝癌细胞的生物发光信号逐渐减弱,说明 p53 的表达能够抑制肿瘤的生长并促使肿瘤细胞凋亡。

　　2010 年,清华大学药学院郡文等在其团队的研究课题《应用动物活体生物发光技术观察紫杉醇混合胶束的抑瘤效果》中,利用荧光素酶基因标

记的 MDA‑MB‑231 人乳腺癌细胞系建立肿瘤标记模型,采用 Kodak
多模式活体成像系统检测给药后裸鼠体内肿瘤影像变化,建立药物抗肿
瘤效果活体动物影像研究方法,并较好地应用于自制紫杉醇新型混合胶
束制剂与市售紫杉醇注射液的抗肿瘤对比效果研究中。

2013 年,任苑蓉等在其团队课题《应用生物发光技术研究甲基硒酸对
L9981‑Luc 肺癌细胞株移植瘤模型生长转移的影响》中,首先建立 L9981‑
Luc 肺癌细胞株移植瘤模型,再用精诺真活体动物可见光成像系统观察肺
癌移植瘤肿瘤生长转移情况。在实验中将 6 周龄裸鼠 15 只,随机分为 3
组,每组 5 只,对照组每日腹腔注射生理盐水 0.2 mL;甲基硒酸组每日腹腔
注射甲基硒酸溶液 50 tg (0.2 mL);顺铂组每周腹腔注射顺铂 4 mg/kg。结
果显示,甲基硒酸能明显抑制 L9981‑Luc 裸鼠异体移植瘤生长,并可有
效地抑制 L9981‑Luc 原发瘤肺转移。

5.1.1.2　荧光技术在药效学评价中的应用

2004 年,李任飞等在其研究课题《内皮抑素对小鼠 Lewis 肺癌移植瘤
抑瘤作用的分子影像研究》中,利用 GFP 标记的小鼠 Lewis 肺癌(LLC)移
植瘤模型,观察内皮抑素对 LLC 的作用。将 GFP 标记的小鼠 LLC 细胞
种植于 15 只 C57 小鼠体内,分为空白对照组、尾静脉注射内皮抑素组、局
部注射内皮抑素组。采用活体荧光成像,测定抑瘤率、微血管密度及测定
VEGF 和 Bcl‑2 水平的方法评价治疗效果。最终得出结论,GFP 标记的
小鼠 LLC 模型荧光显像清晰稳定;可在活体观察肿瘤细微的变化过程;
内皮抑素对小鼠 Lewis 肺癌移植瘤有明显的抑制作用。

2009 年,山西医科大学付奎等人在其课题《活体荧光成像评估
Ag85A 和 Ag85B DNA 疫苗对小鼠膀胱癌移植瘤的疗效》中,运用活体
红色荧光成像技术及影像学特征评估 Ag85A DNA 疫苗和 Ag85B DNA
疫苗对膀胱癌的免疫治疗效果。构建稳定转染香菇珊瑚红色荧光蛋白
(discosomasp red fluorescent protein, DsRed)基因的小鼠膀胱癌 BTT 细
胞(BTT‑DsRed),建立 BTT‑DsRed 细胞移植瘤小鼠模型,将建模成功
的 24 只小鼠随机分为 pVAX1‑Ag85A DNA 疫苗组、pVAX1‑Ag85B
DNA 疫苗组和生理盐水治疗组,各组分别于肿瘤细胞接种后的第 6 天
肌内注射 pVAX1‑Ag85A、pVAX1‑Ag85B 及生理盐水,然后用活体荧

光成像系统检测移植瘤的生长和转移情况。随后得出结论,应用活体红色荧光成像技术能够动态、灵敏、可视化地评估 DNA 疫苗对小鼠膀胱癌移植瘤的疗效;Ag85A 和 Ag85B DNA 疫苗均具有抗肿瘤免疫疗效。

5.1.2　小动物活体光学成像技术在药物动力学研究中的应用

在药物动力学研究方面,研究人员可以利用小动物活体成像技术实时监测药物在动物体内的代谢、分布和排泄,从而评价药物的药代动力学。

5.1.2.1　在抗感染药物动力学研究中的应用

应用传统方式对抗生素、疫苗等抗感染药物在活体水平的研发筛选,需要在给药后处死小鼠,取出感染部位,再通过 PCR、菌落计数、切片观察等方法对药物治疗效果进行评价。这些方式需要耗费大量实验动物,进行繁琐的实验操作,很难实现高通量筛选,且不能利用同一只动物从头到尾获取实验数据,因此很难获取准确的重复性数据。小动物活体光学成像技术是一种非侵入式活体观测技术,无须在实验过程中处死老鼠,并且可以使用同一批老鼠完成不同时间点的观测,因此已广泛应用于抗感染药物的研发。

抗生素(antibiotics)是由微生物(包括细菌、真菌、放线菌属)或高等动植物在生活过程中所产生的具有抗病原体或其他活性的一类次级代谢产物,可用于治疗各种细菌感染或抑制致病微生物的感染。应用小动物活体光学成像技术可以评价抗生素对病原体感染的治疗效果。达托霉素(Daptomycin/Cubicin)是 Cubist Pharmaceuticals 制药公司研发的已获得 FDA 认证的一种抗生素类药物,可用于革兰氏阳性菌感染而导致的腹膜炎的治疗。该公司在此药物的研发过程中应用到了小动物活体光学成像技术以评价该抗生素对腹膜炎的治疗效果。研究者应用生物发光金黄色葡萄球菌(S. aureus),通过腹腔注射感染小鼠诱发腹膜炎,之后比较了 Daptomycin、Vancomycin 及 Linezolid 三种抗生素对细菌感染的抑制效果(见图 5 - 1)。结果显示,Daptomycin 的治疗效果最好(见图 5 - 2)。

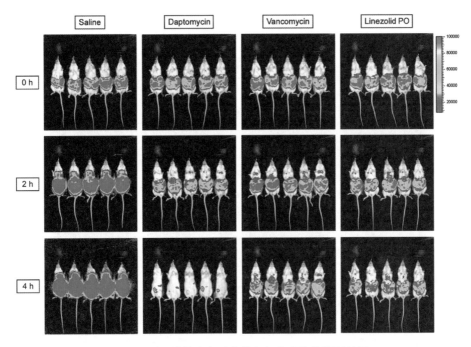

图 5-1　三种抗生素对金黄色细菌感染的抑制效果

5.1.2.2　在免疫方面药物动力学研究中的应用

小动物活体光学成像技术在免疫药物开发的过程中也发挥着非常重要的作用。免疫应答是机体免疫系统对抗原刺激所产生的以排除抗原为目的的生理过程。这个过程是免疫系统各部分生理功能的综合体现,包括了抗原递呈、淋巴细胞活化、免疫分子形成及免疫效应发生等一系列的生理反应。通过有效的免疫应答,机体得以维护内环境的稳定。免疫细胞在机体的免疫应答中发挥着重要作用,了解免疫细胞的作用机理是免疫药物研究的重要环节。

在免疫药物的动力学研究中,伴随免疫疾病研究的深入,目前已开发出一系列针对免疫疾病监测的功能性探针,这些探针的设计大多是基于在免疫疾病中表达的特征性分子或酶,通过对特征性分子或酶的监测而反映疾病的发生发展。利用这些探针并结合活体光学成像技术,研究者可以方便快捷地在活体动物水平监测免疫疾病的发生发展及治疗效果。例如,Morten 等在研究中以 ProSense 750 FAST 探针在不同时间分析小鼠的局部和全身反应紫外光谱测量以检测局部炎症,研究表明其可用于检

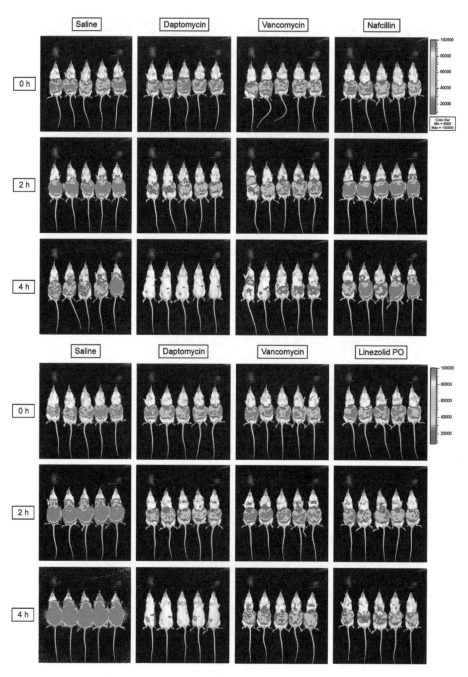

图 5‑2　抗生素对病原体感染的治疗效果

测接触性过敏原引起的局部免疫反应。小动物活体成像技术不仅广泛应用于免疫细胞相关研究,而且可以在活体动物水平监测免疫细胞在相关疾病中的迁移、分布和功能,从而探索药物在动物体内的分布。

目前用于标记免疫细胞的主要方法如下:通过带有荧光素酶基因或荧光蛋白基因的病毒载体稳定转染人源或鼠源免疫细胞,使免疫细胞具有发光性质;直接从转基因发光小鼠中提取免疫细胞,所获得的免疫细胞具有发光性质;通过特定的荧光染料直接标记免疫细胞使其具有发光性质。研究者可根据具体研究,选择合适的标记方法对免疫细胞进行标记。

5.2　小动物活体光学成像技术在纳米物理药剂学研究中的应用

小动物活体成像技术使研究人员可以借该技术开展活体动物体内肿瘤的生长及转移、药效学评估、药物代谢、药剂学等方面的研究工作。纳米物理药剂学是利用物理化学的相关理论修正传统物理药剂学原理中的相关参数,阐述、证明并解释纳米医药新剂型的热力学和动力学性质,并通过实例进一步验证该体系在纳米载体运用中的重要性,确定物理药剂学原理在纳米载体构建及应用中的重大意义;李威团队利用小动物活体成像技术,成功开展了多项研究,为纳米药物在体内的高效发挥提供了有力支持。

为了探究不同长径比的金纳米棒(GNR)在癌细胞中诱导了不同的细胞死亡途径,该团队以小动物近红外活体成像对 GNR 在动物体内的光热升温进行考察,于 2021 年在 *Advanced Science* 杂志上发表了题为"Death pathways of cancer cells modulated by surface molecule density on gold nanorods"的研究论文。本研究探讨了 GNR 对于人乳腺癌细胞(MDA-MB-231)内化和定位以及对不同类型细胞触发死亡路径的影响,并进一步探究了两种 GNR 诱导癌细胞坏死和凋亡分子机制之间的差异。基于对不同宽高比 GNR 表面性质进行特征描述,揭示其物理性质与表面形貌之间的关系,并阐述了化学性质与坏死或凋亡之间的联系。在小动物活体成像实验中,采用荷瘤小鼠随机分组成 2 组:PBS 对照组和 GNRs 组。

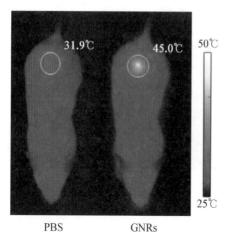

31.9℃   45.0℃   50℃

25℃

PBS   GNRs

图 5-3 对照组(PBS)和样品组(金纳米棒,GNR)在小鼠肿瘤模型的近红外成像效果

两组均以 0.1 mg/mL 的 GNRs 溶液 0.2 mL,经尾静脉注射后以近红外光辐照肿瘤并以近红外光成像仪检测其在肿瘤部位的分布情况。活体动物的荧光图像明显证实了 GNR 通过近红外光辐照后能够有效地在肿瘤部位积累并显影(见图 5-3)。

为了验证被动靶向释放体系的动物模型在体内的靶向聚集,以聚(d, l-丙交酯)-聚乙二醇(PLAPEG)和金纳米棒(GNR)为基础构建了 PNIPAM、聚(d, l-丙交酯)-聚乙二醇(PLAPEG)和 GNR 具备温度、光双敏特性的双功能胶束给药体系。通过近红外(NIR)光刺激控制肿瘤部位获得更高的局部药物浓度,同时可协同增强对黑色素瘤小鼠 B16F1 的治疗效果。该团队于 2021 年在 *Frontiers in Chemistry* 杂志上发表了题为"Design of DOX-GNRs-PNIPAM@PEG-PLA micelle with temperature and light dual-function for potent melanoma therapy"的研究论文。在评价该系统在小鼠体内分布实验中,采用荷瘤小鼠随机分成两组,每组 3 只,分别为 DAPP 组和 DAPP-NIR 组。两组均以 5 mg/kg 剂量尾静脉注射,24 h 后进行活体成像观察其在肿瘤部位的分布情况。活体动物的荧光图像明显证实了 DAPP-NIR 能够有效促进其在肿瘤部位积累(见图 5-4)。

为了研究缺乏特异性生物标志物胰腺导管腺癌(PDAC),该团队结合小动物活体成像技术于 *Journal of Controlled Release* 杂志上发表题为"Regulation of pancreatic cancer microenvironment by an intelligent gemcitabine@nanogel system *via* in vitro 3D model for promoting therapeuticefficiency"的研究论文。该研究通过建立体外 3D-PDAC 模型来评价智能吉西他滨@纳米凝胶系统(GEM@NGH)的调节作用。该系统是由还原敏感核心、吉西他滨的有效载荷和透明质酸酶排列在

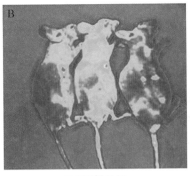
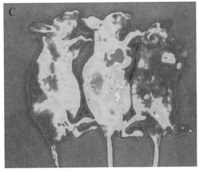

DAPP样品组　　　　　　　　　经NIR辐照的DAPP样品组

图 5 - 4　样品组(DAPP)和经辐照的样品组(DAPP - NIR)在小鼠肿瘤模型的分布效果

阳离子表面作为阵列冠状面三部分组成。该研究评价了纳米系统的理化性质、还原敏感性、细胞生物相容性和细胞毒性、细胞内分布及治疗效果。在评价该系统在小鼠体内分布实验,采用荷瘤小鼠随机分组成两组,每组 3 只,分别为 Nanogel-FITC 组和 NGH-FITC 组,通过尾静脉以 5 mg/kg 剂量注射,24 h 后用小动物活体成像技术观察其在肿瘤部位的分布情况,活体动物的荧光图像显示 NGH-FITC 组能够明显促进其肿瘤部位聚集,验证了该纳米凝胶系统靶向肿瘤的效果非常好(见图 5 - 5)。

图 5 - 5　Nanogel-FITC 和 NGH-FITC 在小鼠肿瘤模型的分布效果

为了研究用于乳癌协同治疗的 pH -温度双敏感的纳米凝胶(FLNGs),该团队在 2017 年结合小动物活体成像技术于 *Journal of Controlled Release* 杂志上发表题为"Mastocarcinoma therapy synergistically promoted by lysosome dependentapoptosis specifically evoked by 5 - Fu@ nanogel system with passive targeting and pH activatable dual function"的研究论文。在该研究中,肿瘤抑制实验结果表明,FLNGs 比游离的 5 - Fu 具有更高的抗癌治疗潜力。在本研究的小动物活体成像实验中,将 6 周龄的 BALB/c 荷瘤小鼠随机分组,每组 3 只,分别通过尾静脉以 5 mg/kg 剂量注射游离异硫氰酸荧光素(FITC)或负载 FITC 纳米凝胶。用小动物活体成像技术观察其在肿瘤部位的分布情况,活体动物的荧光图像显示负载 FITC 的纳米凝胶能够明显促进其在肿瘤部位聚集(见图 5 - 6)。

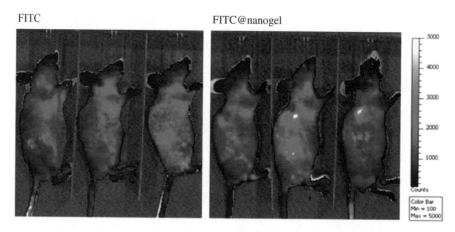

图 5 - 6 对照组(FITC)和样品组(FITC@nanogel)在小鼠肿瘤模型的分布效果

为了研究高温下阳离子聚合物 PEI(1KD)在叔丁基过氧化氢作用下产生的活性自由基- NH * 与 PNIPAM 反应得到 NPS 纳米凝胶的体内靶向聚集作用,结合小动物活体成像技术,该团队于 2016 年在 *Nanomedicine* (*Lond.*)杂志上发表题为"Gene delivery by a cationic and thermosensitive nanogel promoted establish tumor growth inhibition "的研究论文。该研究采用荷瘤裸鼠研究了 PEI - 2.5 - FITC 和 NPS - FITC 的体内分布,以 PBS 做阴性对照组,通过活体成像观察 FITC 在瘤内的积累,发现 NPS 组的 FITC 积累明显高于 PEI - 2.5 组,NPS 具有明显的增强瘤内富集作用。结论是制备的纳米载体 NPS 毒性低,可保护 P53 不被降解,细胞内可充分释放 P53,且 NPS - P53 体系结构完整,粒径分布窄,体内外有着良好的抑瘤效果。

为了研究负载传统的中药紫草素 N-异丙基丙烯酰亚胺与聚乳酸

制备的温度敏感性纳米胶束的抗肿瘤机制,结合小动物技术,该团队于 2017 年在 *International Journal of Nanomedicine* 杂志上发表题为"Successful in vivo hyperthermal therapy toward breast cancer by chinese medicine shikonin-loaded thermosensitive micelle"的研究论文。该研究在活体成像实验中,将荷瘤裸鼠随机分组成两组,每组 3 只,分别通过尾静脉以 5 nmol/L 剂量注射 FTN 和游离 FITC,24 h 后用小动物活体成像技术观察其在肿瘤部位的分布情况,活体动物的荧光图像显示 FTN 组能够明显促进其在肿瘤部位聚集,进一步通过解剖肿瘤部位及主要脏器,验证了该胶束的靶向肿瘤的效果非常好(见图 5 - 7)。

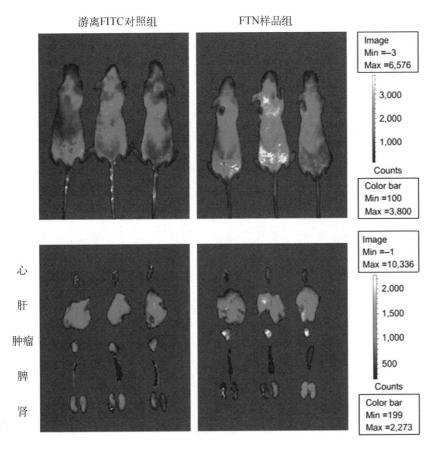

图 5 - 7　对照组(FITC)和样品组(FTN)在小鼠肿瘤模型和组织中的分布效果

　　为了验证温度敏感型转染剂阳离子 PNIPAM/PEI 纳米凝胶的体内肿瘤靶向效果,结合小动物成像技术,该团队于 2016 年在 RSC Advances 杂志上发表题为"A nanogel with passive targeting function and adjustable polyplex surface properties for efficient anti-tumor gene therapy"的研究论文。该研究结果表明此纳米凝胶的体外转染效率约比 PEI 高出一倍,其进一步增强了约两倍被动细胞定位;并在 Balb/c 裸鼠移植瘤模型上进行了评价。在本研究的小动物活体成像实验中,将荷瘤小鼠随机分组成 3 组,每组 3 只,分别为对照组、PEI – FITC 组和 PNIPAM/PEI – FITC 组,通过尾静脉以 5 mg/kg 剂量注射,24 h 后用小动物活体成像技术观察其在肿瘤部位的分布情况,活体动物的荧光图像显示 PNIPAM/PEI – FITC 组能够明显促进其在肿瘤部位聚集(见图 5 – 8A),进一步通过解剖肿瘤部位及主要脏器,验证了该纳米凝胶的靶向肿瘤的效果非常好(见图 5 – 8B)。

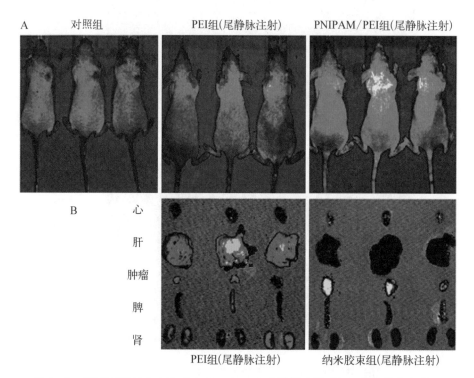

图 5 – 8　FITC 标记的 PEI 和 PNIPAM/PEI 在小鼠肿瘤模型和组织中的分布效果

　　为了验证以抗 nti‐Her2 Fab 偶联免疫微粒(FCIMs)的主动(抗体介导的主动靶向)和被动(温度介导的被动靶向)靶向性,结合小动物活体成像,该团队于 2012 年在 *Biomaterials* 杂志上发表题为"Chemotherapy for gastric cancer by finely tailoring anti-Her2 anchored dual targeting immunomicelles"的研究论文。在本研究的小动物活体成像实验中,荷瘤小鼠随机分组成两组,每组 3 只,分别通过尾静脉以 5 mg/kg 剂量注射负载 FITC 的靶向和非靶向胶束(FCIMs 和 IMs)。活体动物的荧光图像显示负载 FITC 的靶向纳米胶束能够明显促进其在肿瘤部位聚集,进一步通过体内抗肿瘤研究,验证了该胶束的双靶向效果优良,对肿瘤的体内抑制作用效果良好(见图 5‐9)。

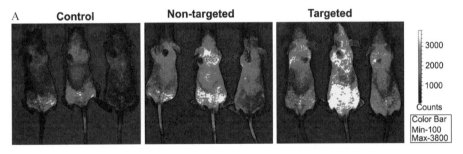

图 5‐9　靶向胶束(FCIMs)和非靶向胶束(IMs)在小鼠肿瘤模型的分布效果

5.3　小动物活体成像技术在基因治疗及肿瘤研究中的应用

　　基因治疗是将正常基因或有治疗作用的基因通过一定方式导入靶细胞以纠正基因缺陷或者发挥治疗作用,从而达到治疗疾病的目的。目前,基因治疗主要是以病毒做载体,可应用荧光素酶基因作为报告基因加入载体,观察目的基因是否到达动物体内的特异组织和是否持续高效表达。这种非侵入方式具有低毒性和免疫反应轻微等优点,同时可以直接实时观察、了解病毒或载体侵染的部位和时域信息。荧光素酶基因也可以插入用脂质体包裹的 DNA 分子中,用于观察以脂质体作为载体的 DNA 运输和基因治疗情况;也可以表达荧光素酶基因的裸 DNA 质粒作为模型 DNA 直接注入动物体内,利用生物发光成像技术分析不同载体、不同注射位点以及不同注射量对荧光素酶基因表达的影响,同时,也可以实控量化分析基因表达的分布、水平和持续时间。这种可视的方法可直观地评价 DNA 的转染效率和表达效率,在基因治疗研究中具有重要的指导作用。

　　活体生物发光成像技术能够让研究人员直接快速地测量各种癌症模型中肿瘤的生长、转移以及对药物的反应。其特点是具有极高的灵敏度,使微小的肿瘤病灶(少到几百个细胞)也可以被检测到;非常适合于肿瘤体内生长的定量分析;避免由于解剖老鼠而造成的组间差异,节省动物成本。由于以上特点,活体生物发光成像技术使基于转移病灶模型、原位病灶模型、自发肿瘤模型等方面的肿瘤学研究得到发展。

5.3.1　动物模型的建立

　　通过将荧光素酶基因转染至肿瘤细胞内,然后将这些细胞移植到动物体内,可以建立各种肿瘤模型。通过实时观察体内肿瘤细胞的增殖、生长、转移情况,可以判断肿瘤模型是否成功建立。与传统的肿瘤模型技术相比,这种标记技术灵敏度更高,可进行定量研究,方便观察肿瘤生长、转移与复发的情况,避免由于动物模型差异造成的组间差异,节约动物成本。

　　由于不同颜色的荧光蛋白具有特异性,可用于标记不同基因型及表型的癌细胞。例如,高转移性癌细胞用 GFP 标记,低转移性癌细胞用 RFP 标记,活体观察时则直接能相互对照。再者,宿主和肿瘤分别被不同荧光蛋白所标记,即转基因鼠在其所有细胞中表达 GFP(或在某些特定细胞),而移植的肿瘤细胞表达 RFP,则可增强对照效应,实时监测肿瘤细胞与宿主细胞的相互作用。

5.3.2　肿瘤内环境成像

　　活体光学成像技术可以对肿瘤免疫治疗过程中肿瘤微环境内多种免疫细胞的聚集、迁移以及细胞接触等事件进行长时程动态研究,给相关生理机制解析提供直观、可视化的动态信息。

　　Weinberg 等用 GFP 标记的肿瘤细胞研究发现,间质干细胞能定植于肿瘤基质并促使肿瘤转移,但该研究是皮下移植肿瘤,而不是原位肿瘤,肿瘤微环境对其有很大的影响。已有研究设计双色肿瘤细胞与表达 GFP 的基质细胞相互对照的三色全身成像实验,在这一模型中体内各种肿瘤-宿主相互作用和细胞动态变化都能得以观察,包括癌细胞的有丝分裂与凋亡、基质细胞与癌细胞的密切关系、肿瘤脉管系统以及肿瘤血流情况等,体内癌细胞和基质细胞对药物的反应也可实时成像。

过继性细胞治疗(adoptive cell therapy,ACT)是目前报道的黑色素瘤最有效的免疫疗法之一。在 ACT 治疗实施之前使用环磷酰胺(CTX)清除患者体内的免疫抑制性 T 细胞(Treg),是 ACT 治疗发挥效应的重要前提,其相关作用机制的研究并不深入。传统生物学检测手段难以获得联合治疗引发的免疫细胞协同效应及其时空动态信息,而这些信息对于科学家们深入了解肿瘤免疫治疗成功或者失败的原因,进而改进治疗方案,具有重要的价值。针对上述问题和难点,张智红等采用活体长时程显微成像技术,成功获取了免疫治疗过程中肿瘤微环境内多种免疫细胞的迁移、聚集、分布和相互接触等信息,动态展示了 CTX - ACT 联合治疗抑制肿瘤生长的关键免疫事件:联合治疗阻止 Treg 在实体肿瘤外周形成"免疫耐受环",从而解除其产生的免疫抑制;诱发内源性肿瘤浸润免疫细胞的瞬时激活并朝向肿瘤实质内快速迁移;招募更多过继性细胞毒性 T 淋巴细胞(CTLs)到肿瘤区域,并促进树突状细胞的浸润;由此,内源和外源性抗肿瘤免疫反应协同发挥作用。通过对肿瘤微环境内免疫细胞运动规律的分析以及免疫细胞与肿瘤博弈过程的动态监测,进而构建了一种最佳的节律性联合免疫治疗策略,明显提高了 CTX - ACT 联合治疗的抗肿瘤疗效。

5.3.3　肿瘤转移过程成像

小动物活体成像系统能通过对发光信号的检测而追踪肿瘤的转移过程,包括观察癌细胞在血管中的停留、外渗和转移灶等一系列过程,甚至能够检测到少于 100 个细胞的肿瘤微小转移病灶,从而对发现肿瘤进行早期诊断与治疗提供帮助,也给肿瘤转移机制的研究提供了巨大帮助。Chishima 等首次利用 GFP 标记癌细胞并进行活体观察,将转染并稳定表达 GFP 的肿瘤细胞移植到小鼠原位肿瘤种植模型,观察到它们具有很强的转移能力,在每个器官均可观察到单个癌细胞的转移,还可直接观察到细胞进入血管或逸出。组织中单个转移细胞的成像超越了常规组织学技术及离体研究范畴,在未被固定或加工的组织中,首次对微小转移(包括休眠细胞)实现了可视成像。

1) 休眠细胞成像

在某些情况下,具有活力的肿瘤细胞定居于肺脏但并不生长,这一过程称为休眠,该过程具有器官特异性。荧光蛋白成像使我们能观察细胞到达远处器官后是发生增殖还是被捕获、抑制或死亡,从而研究这一过程的影响因素。直视观察到体内休眠细胞能使我们进一步了解休眠细胞,帮助我们了解为何在彻底切除原发部位肿瘤多年后癌症患者仍能复发。

2) 肿瘤治疗应答成像

用荧光素酶标记肿瘤细胞,建立各种可视肿瘤模型,实时评价各种治疗手段的治疗效果,可以动态观察肿瘤细胞治疗后的变化、肿瘤细胞是否死亡、肿瘤体积是否变小等,是新药研发的评价和筛选工具;也可快速分析单个或复合基因对肿瘤侵袭和药物敏感性的影响,有助于基因治疗药物的开发。

这一技术同样可以用于评价抗肿瘤药物的有效性。整体成像用于追踪药物疗效时,实验动物可作为其自身对照。整体成像技术不仅能观察预防转移药物治疗 GFP 或 RFP 标记的原位转移模型的疗效,还可观察评价肿瘤手术切除后辅助治疗效果,也能用于分析对已知遗传背景的特异性抗肿瘤治疗的效果。荧光蛋白成像,尤其是整体成像,能快速分析出单个或复合基因对肿瘤侵袭性和药物敏感性的影响。

5.3.4 监测肿瘤生长及转移

随着肿瘤研究的深入,应用传统方法(如卡尺测量肿瘤体积、肿瘤组织切片等)进行肿瘤研究已存在诸多限制,如进行组织切片观测前需要处死小鼠取出肿瘤组织。因此,在不同时间点或不同实验组都需要处死一批实验小鼠以获取足够的统计学数据,这样不但大大增加了实验成本,而且很难消除由于小鼠个体差异而产生的误差,无法获取可靠的重复性数据。同时,在制作切片时也无法保证实验的准确性,而利用活体光学成像技术可以对同一批小鼠进行不同时间点的长时间观测,进而大幅降低实验成本,并获取重复可靠的实验数据。

张智红等将光声显微成像的空间分布检测能力与纳米颗粒的乳腺癌细胞双靶向能力相结合,开发了一种双靶向乳腺癌细胞的透明质酸纳米探针 5K‑HA‑HPPS,其核心装载近红外荧光染料 DiR‑BOA 后可用于对乳腺癌前哨淋巴结的活体荧光/光声成像检测,能够准确地鉴别肿瘤转移淋巴结与炎症性淋巴结,有效地解决了肿瘤转移的前哨淋巴结与炎症性淋巴结难以区分的难题,有望为乳腺癌手术过程中快速鉴定前哨淋巴结是否发生了肿瘤转移提供在体检测手段。该研究以仿高密度脂蛋白纳米颗粒 HPPS 为载体,其表面偶联透明质酸(HA)分子,核心装载近红外荧光/光声双模式成像造影剂 DiR‑BOA,研制的纳米颗粒 5K‑HA‑HPPS 具有快速进入前哨淋巴结并靶向标记乳腺癌细胞的能力。通过荧光成像可以长时程动态监测 5K‑HA‑HPPS 在淋巴结中的蓄积情况,而光声成像则可以显示纳米颗粒在完整淋巴结中的空间分布信息。

5.3.5　癌症分子机理研究

癌症分子机理体外研究的缺陷在于无法模拟肿瘤在动物体内真实的生理微环境,因此,单一的体外研究结果并不能完全反映癌症的发生发展机理。小动物活体光学成像技术使科研人员能够进一步将癌症分子机理的研究由体外拓展至体内,如在活体动物水平研究癌症相关基因在癌症发生发展进程中的作用、观测肿瘤发生发展过程中特异性分子事件的发生等。

应用生物发光技术进行癌症相关基因的研究方法主要利用荧光素酶标记特定基因,构建特定基因‑荧光素酶的共表达载体,通过荧光素酶产生的生物发光信号反映该基因的表达情况,研究该基因的相关作用。p53是调节细胞正常生命活动的一种重要基因,控制着细胞周期的启动。p53也被认为是一种重要的抑癌基因,在人类 50% 以上的肿瘤组织中均发现了 p53 基因的突变,这是肿瘤中最常见的遗传学改变,说明该基因的改变很可能是人类肿瘤产生的主要发病因素。

5.4 小动物活体光学成像技术在干细胞研究中的应用

应用小动物活体成像技术进行干细胞研究主要集中于以下几个方面：监测干细胞的移植、存活和增殖；示踪干细胞在体内的分布和迁移；多能诱导干细胞、肿瘤干细胞的研究。

5.4.1 监测干细胞的移植、存活和增殖

造血干细胞移植是现代生命科学的重大突破，通过移植造血干细胞可以治疗恶性血液病、部分恶性肿瘤、部分遗传性疾病等多种致死性疾病。之前对于造血干细胞的异体移植研究主要依靠流式细胞仪分析从处死的受体动物中提取的骨髓。这种方法虽然能够准确测量造血干细胞的移植存活率，但存在诸多缺陷：如需处死大批实验动物；无法反映除骨髓之外其他部位发生的造血重组情况；数据获取只局限于处死动物后的单一时间点，无法对同一个体的移植情况进行连续纵向观测。生物发光成像技术很好地解决了上述问题。2003 年发表于 *Blood* 杂志上的一篇题为 "*Does cytogenetic mosaicism in CD34(+)CD38(low) cells reflect the persistence of normal primitive hematopoietic progenitors in myeloid metaplasia with myelofibrosis?*"的文献首次利用了生物发光技术进行干细胞异体移植的研究。作者观察了不同造血干细胞（CD34⁺、CD34⁺、CD38⁻）移植后，在体内表现出的不同增殖规律：前者在移植 8 天后快速增殖，22 天后细胞数量急剧下降；后者移植后一直处于增殖状态。研究者认为该技术是研究干细胞异体移植后的迁移和增殖规律的有力工具，同时也是研究不同细胞群体在体内增殖不同表现的最佳选择。

5.4.2 示踪干细胞在体内的分布和迁移

干细胞移植后，活体示踪干细胞的分布和迁徙具有重要意义。通过示踪，不仅可以直观地了解其在体内的分布，而且可以追踪到其体内的分化转归及调控机制。核素成像、磁共振成像、光学成像等分子影像学

技术的发展使干细胞活体示踪成为可能。但通过放射性核素或磁性颗粒标记干细胞进行活体示踪时,由于核素的快速衰减或磁性颗粒无法随细胞分裂而保留等缺陷,导致无法在体内对干细胞进行长期示踪。而生物发光成像技术利用荧光素酶基因稳定转染干细胞,报告基因不随干细胞的分裂或分化而丢失,因此,利用这种技术可以长期稳定地观测干细胞在体内的分布和迁移。研究者利用 DiD 亲脂性荧光染料标记人骨髓间充质干细胞(hMSC),将细胞腹腔注射入经抗原诱导而患有关节炎的无胸腺大鼠中,应用 IVIS 成像系统观测 hMSC 在体内的分布及迁移。

5.4.3　多能诱导干细胞、肿瘤干细胞的研究

活体光学成像技术在传统意义干细胞的研究中已得到广泛应用。随着干细胞研究程度的深入,研究者已开始将该技术应用于干细胞的一些新兴研究领域,如诱导性多能干细胞(induced pluripotent stem cells,iPSCs)及肿瘤干细胞(cancer/tumor stem cell, CSC/TSC)的研究。诱导性多能干细胞最初是日本科学家山中申弥(Shinya Yamanaka)于 2006 年利用病毒载体将 4 个转录因子(Oct4、Sox2、Klf4 和 c-Myc)的组合引入小鼠成纤维细胞中,使其重编程而得到的类似于胚胎干细胞的一种细胞类型。虽然将诱导性多能干细胞应用于临床治疗仍存在诸多不确定因素(如致癌副作用、自体免疫排斥等),但相对于在胚胎干细胞应用中产生的伦理争议,诱导性多能干细胞由于是对成体细胞进行重编程而获得的,因此不存在这方面的问题,使其应用前景更为光明。近年来,研究者已陆续开始利用小动物活体光学成像技术进行诱导性多能干细胞的相关研究。2009 年发表于 *Circulation* 的一篇题为 "*Generation of cardiomyocytes from fabry mouse-derived induced pluripotent stem cells*" 的文献,将经荧光素酶标记的由小鼠成纤维细胞诱导获取的诱导性多能干细胞,移植入免疫缺陷型裸鼠或具有免疫活性的同种异体小鼠皮下,发现在后者中不会形成畸胎瘤。进一步研究显示,将诱导性多能干细胞移植入发生急性心肌梗死的具有免疫活性的同种异体小鼠心脏后,细胞的发展不会导致畸胎瘤的形成,能够稳定存活,并能修复受损的心脏。

5.5 小动物活体光学成像技术在免疫研究中的应用

在众多应用领域中,免疫研究是活体光学成像技术的应用热点之一。该技术在免疫研究中的应用如下:利用功能性探针跟踪免疫细胞在体内的运动和迁移,监测免疫疾病的发生发展及相关治疗,研究炎症、感染、肿瘤和自身免疫等疾病的发生和发展;实时观察和分析免疫细胞如何被刺激和激活,以及它们产生的细胞因子、抗体和细胞毒素等免疫反应的效应和机制;评估免疫治疗药物的疗效和副作用,也可筛选和优化新型免疫药物的设计和开发;研究免疫细胞与肿瘤细胞之间的相互作用和免疫监视机制,有助于发展和优化肿瘤免疫治疗策略。

光学分子成像为在复杂生物体系中动态观察免疫细胞的运动及其功能效应提供可视化的研究手段。由于免疫系统极度复杂,模型抗原(例如OVA)常被用于研究特定的免疫应答,然而在其用于活体光学成像时,通常需要额外地引入荧光蛋白(一种外源性蛋白)作为标记分子。这对于研究免疫应答的特异性而言,引入了潜在的干扰。因此,有必要基于荧光蛋白本身发展一个可视化的荧光模型抗原体系,为免疫应答过程的可视化研究提供新工具。

KatushkaS158A 是一种来源于奶嘴海葵的四聚体深红色荧光蛋白(简称为 tfRFP),相对分子质量为 112 000,具有良好的理化性能(如亮度高、光稳定性好、耐酸性好),发射光谱位于深红色波段(> 620 nm),非常适合于活体光学成像。张智红等发展了基于四聚体荧光蛋白的可视化荧光模型抗原系统,包括荧光模型抗原 tfRFP、稳定表达 tfRFP 的黑色素瘤B16 细胞株(tfRFP - B16)以及 GFP 标记的 C57BL/6 小鼠,用于肿瘤特异性免疫应答的可视化研究。研究结果表明,在 C57BL/6 小鼠体内,tfRFP同时引发特异性的细胞免疫应答和体液免疫应答,致使 tfRFP＋黑色素瘤在活体内的生长明显被抑制,而 mCerulean＋黑色素瘤的生长不受影响。tfRFP 作为一种优秀的荧光模型抗原,为特异性免疫应答的活体可视化研究提供了新工具。

2020 年 2 月 28 日,*Nature Communications* 在线发表了华中科技大

学武汉光电国家研究中心张智红教授课题组的最新研究成果"*Melittin-lipid nanoparticles target to lymph nodes and elicit a systemic anti-tumor immune response*",该论文被 *Nature Communications* 编辑选为当月 Therapeutics 专题的亮点研究予以推荐。

基于肿瘤抗原的肿瘤疫苗研制是肿瘤免疫治疗的重要方向之一。目前对于活体微环境下肿瘤细胞膜通透性受哪些因素影响及其分子调控机制仍不十分清楚。该课题组前期已经成功地获得超小粒径(约 20 nm)的蜂毒脂质纳米颗粒(α-melittin-NP),有效地解决了其在体内运输中存在的毒副作用。为了进一步探索 α-melittin-NP 在肿瘤疫苗方面的应用,张智红发展了一种可诱导全肿瘤细胞抗原释放的淋巴结靶向纳米疫苗。α-melittin-NP 经瘤内注射后,既作用于肿瘤细胞以释放全抗原,又靶向淋巴结以激活抗原提呈细胞(APC),从而诱导机体产生系统性的抗肿瘤免疫反应,成功地抑制肿瘤生长甚至清除肿瘤(见图 5-10)。

作者借助于实时动态成像的方法,在体外对肿瘤细胞 mAmetrine-B16F10 进行了长时程动态成像,验证 α-melittin-NP 诱导全肿瘤细胞抗原释放的能力。在确证了 α-melittin-NP 具有释放全肿瘤细胞抗原和重塑淋巴微环境的能力之后,作者在 C57BL/6 小鼠上建立了双侧黑色素瘤模型,在体验证其肿瘤疫苗效果。结果表明,左侧瘤内注射 α-melittin-NP 可以导致 92% 的右侧(远位)肿瘤生长抑制,其中 50% 肿瘤完全消退。

2022 年该团队应用活体光学分子成像技术可视化研究胞内抗原诱导的免疫清除肝转移肿瘤的效应与机制,揭示了在肝脏转移形成过程中肿瘤细胞内 ROS-caspase-3-GSDME 通路活化是触发胞内抗原诱导的免疫清除肝转移瘤的关键步骤。

该研究以四聚体远红荧光蛋白(tfRFP)作为胞内抗原模型,构建了 tfRFP 皮下免疫小鼠后的 tfRFP-B16 肿瘤肝转移模型。结果显示,在未免疫组(Non-IM)中,小鼠肝脏内可检测到明显的 tfRFP-B16 荧光信号,而在 tfRFP 免疫组(tfRFP-IM)中,小鼠肝脏未能检测到 tfRFP-B16 荧光信号[见图 5-11 (a)~(c)]。同一批样本的肝脏实物图显示,

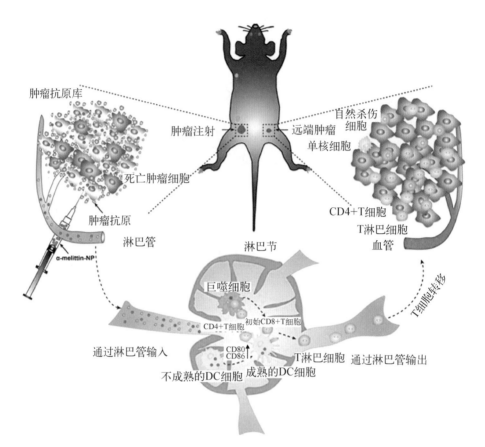

图 5‐10　α‐melittin‐NP 诱导的系统性抗肿瘤免疫反应机制示意图

在未免疫组,肝脏体积出现不同程度的增大,呈现大小不一的转移灶点,而 tfRFP 组的肝脏没有明显异常[见图 5‐11(d)]。这些结果表明,tfRFP‐B16 细胞经脾注射能够形成明显的肿瘤肝转移灶,而经胞内抗原 tfRFP 皮下免疫的小鼠能够完全抑制或清除 tfRFP‐B16 细胞的肝转移。

　　伴随免疫疾病研究的深入,目前已开发出一系列针对免疫疾病监测的功能性探针,这些探针的设计大多是基于在免疫疾病中表达的特征性分子或酶,通过对特征性分子或酶的监测而反映疾病的发生发展。利用这些探针并结合活体光学成像技术,研究者可以方便快捷地在活体动物水平监测免疫疾病的发生发展及治疗效果。

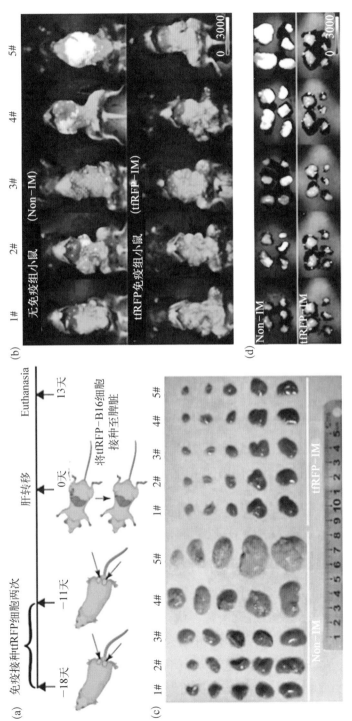

图 5－11　tfRFP 尾根部皮下免疫抑制 tfRFP－B16 黑色素瘤细胞的肝转移

（a）tfRFP 免疫和肝转移模型建立的流程图；（b）tfRFP－B16 肿瘤细胞经脾注射后第 13 天小鼠整体荧光成像图；（c）肿瘤经脾注射后第 13 天小鼠肝脏实物图；（d）tfRFP－B16 肿瘤细胞经脾注射后第 13 天小鼠肝脏整体荧光成像图

5.6　小动物活体光学成像技术在糖尿病研究中的应用

在众多应用领域中,糖尿病相关研究是近几年又一兴起的应用热点之一。将活体光学成像技术应用于糖尿病研究的主要方向如下:从特异构建的发光转基因小鼠中获取具有发光特性的胰岛,进行胰岛移植相关研究;利用荧光素酶基因标记相关治疗用细胞,观测治疗用细胞在活体动物体内的分布、器官靶向及对糖尿病的治疗效果;通过构建荧光素酶基因表达载体或转基因动物,研究糖尿病相关基因表达及信号通路。

5.6.1　胰岛移植相关研究

1 型糖尿病,即胰岛素依赖性糖尿病,是由感染、毒物等因素诱发机体产生异常于自身体液和细胞免疫应答,导致胰岛 β 细胞损伤,胰岛素分泌减少。胰岛移植的主要适应证为胰岛素依赖型糖尿病。众多实验研究证实,胰岛移植不仅可以纠正实验动物的糖尿病状态,而且可有效地防止糖尿病微血管病变的发生、发展,促进糖代谢内环境稳定,降低死亡率。应用活体光学成像技术可以在活体动物水平长期监测胰岛移植的存活。为了实现这一应用,研究者首先需要对胰岛进行光学标记,通常采用的方法是利用荧光素酶基因标记胰岛素基因启动子,而构建胰腺特异性发光的转基因动物,从该转基因动物体内即可直接提取具备发光特性的胰岛(见图 5 - 12)。

5.6.2　针对糖代谢紊乱所致并发症的研究

糖尿病会引发多种并发症,血管功能障碍是各种并发症产生的重要病理生理基础。事实上,具有丰富微血管的皮肤,作为一个易检测且被广泛使用的血管床,在预测心血管疾病、糖尿病视网膜病变等方面已表现出较好的潜能。那么,皮肤能否作为一个合适的、可代替的靶标血管床来预测脑血管病变呢? 这就需要知道糖尿病不同病程,皮肤微血管与脑血管功能是否存在关联。如何对脑部进行长期跟踪检测、高分辨获取脑血管功能信息,无论是在临床上还是在活体动物水平仍具有挑战性。

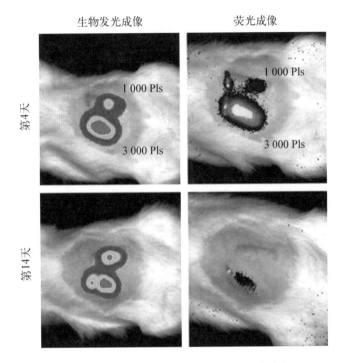

**图 5‑12　应用活体光学成像技术在活体动物
水平长期监测胰岛移植的存活**

　　光学成像技术的发展使在生理或病理条件下活体监测皮肤/皮层血管功能响应成为可能,但皮肤/颅骨的高散射极大地限制了光在组织中的穿透深度,结合外科手术建立皮窗/颅窗可以获得高分辨的皮肤/皮层血管结构与功能信息,但外科手术本身不可避免地会引起炎症甚至血管损伤。

　　朱茚等利用光学成像技术首次实现糖尿病小鼠皮肤与皮层血管功能变化的活体监测。该课题组利用颅骨与皮肤活体光透明技术,结合自行搭建的激光散斑对比成像(laser speckle contrast imaging,LSCI)/高光谱成像(hyperspectral imaging,HSI)双模式成像系统(见图 5‑13),通过光学清除窗口监测血管血流和血氧,动态监测不同病程的糖尿病小鼠皮肤/皮层微血管血流与血氧在硝普钠与乙酰胆碱作用下的功能响应,定量比较分析两者之间的差异,并对其原因进行了探究,在图 5‑13 中,CCD‑1用于获取血流图的数据,CCD‑2用于获取光谱图像从而获取血氧图。研

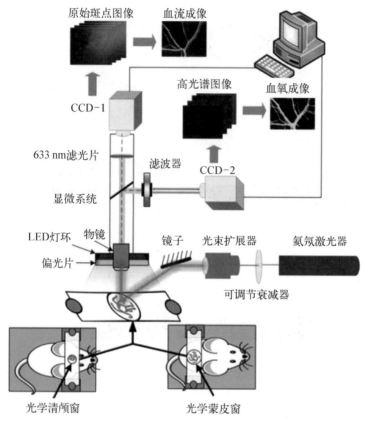

图 5 - 13　激光散斑对比成像(LSCI)和高光谱成像(HSI)系统

究发现皮肤微血管血氧代谢变化可以作为糖尿病诱导脑血管功能紊乱的早期预警指标,揭示糖尿病诱导脑皮层与皮肤血管的功能紊乱及差异,对早期的糖尿病诊断和干预治疗有重要的参考价值。

5.6.3　糖尿病相关信号通路研究

对于糖尿病相关基因表达及信号通路的研究,是了解糖尿病发病机理的基础。应用荧光素酶基因可以标记糖尿病特异性基因,构建出表达载体,并利用活体光学成像技术,在活体动物水平研究疾病相关的信号通路。如 Dentin 等 2007 年发表于 *Nature* 的一篇题为"*Insulin modulates gluconeogenesis by inhibition of the coactivator TORC2*"的文献报道了通过应用荧光素酶基因标记的 cAMP 响应元件(CRE - luc),研究了控制糖异生相关基因表达的一个关键分子开关 TORC2/CRTC2 的作用。研究者通过水动力注射法将 CRE－luc 表达载体经尾静脉注入正常小鼠体内,由于采用水动力注射方法,因此,该表达载体将在一定时间内稳定存留于小鼠肝脏中,使得研究者能够借助该表达载体观测禁食及再进食小鼠肝脏中的糖异生情况。在禁食小鼠中,禁食会导致血糖浓度降低,从而激活胰高血糖素(Glucagon)所调控的糖异生信号通路,因此,在肝脏中能够观测到由于 CRE－luc 的表达激活而出现的光信号;而当小鼠再进食后,导致血糖浓度升高,从而激活胰岛素调控的糖酵解通路,因此,肝脏中 CRE－luc 的表达被抑制,光信号消失;而当用 TORC2 siRNA 处理禁食小鼠后,本该大量表达的 CRE－luc 表达被抑制(减弱的光信号),说明 TORC2 在糖异生相关基因的表达调控中起重要作用。事实上,TORC2 是糖异生相关基因表达的关键共激活因子,它与 cAMP 响应元件结合蛋白(CREB)共同控制着糖异生相关基因的表达。当胰高血糖素激活 cAMP 信号通路后,TORC2 会被去磷酸化而进入细胞核,与 CREB 协同开启基因的表达;而当胰岛素激活糖酵解通路时,TORC2 会被磷酸化而排出细胞核,并在细胞质中被泛素化而降解。

5.7　小动物活体光学成像技术在感染性疾病研究中的应用

在众多应用领域中,感染性疾病研究是活体光学成像技术的应用热点之一。在应用活体光学成像技术进行感染性疾病研究中,常用的标记方法及应用领域如下:利用萤火虫荧光素酶基因、海肾荧光素酶基因或细菌荧光素酶基因标记细菌、病毒、真菌、寄生虫等病原体,在活体水平观测这些病原体在动物体内的感染情况及抗生素、疫苗等药物的治疗效果;通过荧光素酶基因或荧光蛋白基因标记免疫细胞,以及利用特定基因-荧光素酶基因转基因动物,观测病原体感染所引发的机体免疫应答及致病机理。

5.7.1　长时间观测病原体在动物体内的动态感染情况

利用 PCR、免疫切片等传统方法对感染性疾病进行研究时,需要耗费大量的人力物力,且不能实现在同一只活体小鼠中长期观测病原体的动态感染情况,因而无法获得准确的重复性数据。小动物活体光学成像技术的出现,使得研究者能够通过一定的方式对细菌、病毒、真菌、寄生虫等病原体进行光学标记,并利用活体光学成像系统长期观测病原体在体内的动态感染情况,在节省实验耗材及简化实验操作的同时,可获得更加直观准确的实验结果。在观测细菌感染方面,研究者既可利用萤火虫荧光素酶基因、海肾荧光素酶基因等常用于标记真核细胞的报告基因进行标记,也可利用从某些发光细菌中提取的 Lux 发光基因操纵子进行标记。后者的好处是,Lux 操纵子中已含有表达荧光素酶及其底物的序列,因此无须再外源注射底物即可成像。

5.7.2 监测抗感染免疫反应

在利用小动物活体光学成像技术观测病原体在动物体内感染情况的同时,还可应用该技术观测机体对病原体入侵的免疫反应。此类应用可以通过三种方式实现:① 利用报告基因标记在免疫细胞中特异性表达的基因启动子而构建转基因动物,以该转基因动物为实验模型,用经光学标记的病原体对其进行感染,观测由病原体感染而引发的免疫细胞应答;② 利用报告基因标记目的基因的启动子构建转基因动物,观测病原体感染后该基因的表达情况,了解免疫应答的分子机理;③ 利用某种免疫相关基因被敲除的基因敲除鼠作为实验模型,观测病原体的感染情况,以了解这些基因在免疫反应中的作用。

Cheeran 等利用从转基因小鼠 Tg(β - actin - luc)中提取的脾细胞及淋巴结细胞,研究了免疫细胞对病毒感染的响应。研究者将提取的发光脾细胞及淋巴结细胞通过尾静脉注入脑室内感染巨细胞病毒的小鼠,利用 IVIS 系统观测了上述免疫细胞在活体动物体内对感染病灶点的浸润。结果显示,在未经病毒感染的正常小鼠体内,移植的淋巴细胞主要聚集于脾内(见图 5 - 14),而当小鼠脑部感染病毒后,这些淋巴细胞会迁移至感染区域而发挥免疫清除作用。

近年来,各种影像技术在生物医学研究中扮演着越来越重要的角色。目前出现了许多专业设备用于小型动物成像,为科学研究提供了强有力的工具。活体成像技术可以在不伤害动物的情况下进行长期纵向研究,

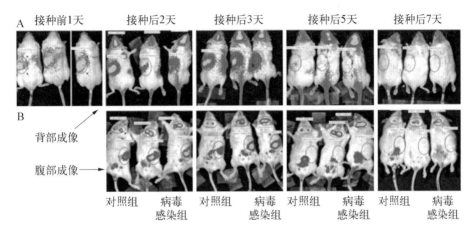

图 5‑14 IVIS 成像系统观测免疫细胞对病毒感染的免疫应答

并且提供绝对定量和相对定量两种数据。随着分子生物学及相关技术的不断进步,各种成像技术得到了更广泛的应用。现代成像系统需要具备绝对定量、高分辨率、标准化、数字化和综合性等特点,同时还要能够敏感地检测分子活动,并与其他检测方式相互补充和整合。经过不断完善和改进,小动物活体成像技术已具备高灵敏度、直观易懂、操作简便以及能够同时观测多个实验标本等优点。相较于 PET 和 SPECT 等技术,该技术无放射损害的特性更为突出。然而,由于动物组织对光子吸收以及空间分辨率较低等问题的存在,该技术仍需持续改进。虽然如此,但作为动物显像的技术平台,小动物活体成像技术将在生命科学、医药研究中发挥越来越重要的作用。

参考文献

[1] Vargason A M, Anselmo A C, Mitragotri S, et al. The evolution of commercial drug delivery technologies [J]. Nature Biomedical Enegieering, 2022, 9 (5): 951 - 967.

[2] Lewis S M, Asselin-Labat M L, Nguyen Q, et al. Spatial omics and multiplexed imaging to explore cancer biology[J]. Naruture Methods, 2021, 18(9): 997 - 1012.

[3] Rok J, Rzepka Z, Banach K, et al. The assessment of the phototoxic action of chlortetracycline and doxycycline as a potential treatment of melanotic melanoma-biochemical and molecular studies on COLO 829 and G - 361 cell lines [J]. International Journal of Molecular Sciences, 2023, 24(3): 2553.

［4］邵文,孙敏敏,刘楠,等. 应用动物活体生物发光技术观察紫杉醇混合胶束的抑瘤效果［J］. 药学学报，2010，45(04)：530 - 534.

［5］任苑蓉,王玉丽,刘红雨,等. 应用生物发光技术研究甲基硒酸对 L9981 - Luc 肺癌细胞株移植瘤模型生长转移的影响［J］. 中国肺癌杂志，2013，16(02)：62 - 72.

［6］李任飞,申宝忠,王知非,等. 内皮抑素对小鼠 Lewis 肺癌移植瘤抑瘤作用的分子影像研究［J］. 中华放射学杂志，2004，04：423 - 427.

［7］付奎,杨晓峰,汪海龙,等. 活体荧光成像评估 Ag85A 和 Ag85B DNA 疫苗对小鼠膀胱癌移植瘤的疗效［J］. 中国肿瘤生物治疗杂志，2009，16 (06)：588 - 594.

［8］Mortin L I, Li T C, Andrew D G, et al. Rapid bactericidal activity of daptomycin against methicillin-resistant and methicillin-susceptible Staphylococcus aureus peritonitis in mice as measured with bioluminescent bacteria［J］. Antimicrobial Agents and Chemotherapy，2007，51(5)：1787 - 1794.

［9］Morten M, Jonas D, Jan P, et al. Detection of local inflammation induced by repeated exposure to contact allergens by use of IVIS Spectrum CT analyses［J］. Contact Dermatitis，2017，76：210 - 217.

［10］Zhang F, Hou Y, Zhu M, et al. Death pathways of cancer cells modulated by surface molecule density on gold nanorods［J］. Advanced Science，2021，2102666.

［11］Wang N, Shi J, Wu C, et al. Design of DOX - GNRs - PNIPAM@PEG - PLA micelle with temperature and light dual-function for potent melanoma therapyp［J］. Frontiers in Chemistry，2021，8：599740.

［12］Chen D, Zhu X F, Tao W R, et al. Regulation of pancreatic cancer microenvironment by an intelligent gemcitabine@nanogel system via in vitro 3D model for promoting therapeutic efficiency［J］. Journal of Controlled Release，2020，324：545 - 559.

［13］Zhu X D, Sun Y, Chen D, et al. Mastocarcinoma therapy synergistically promoted by lysosome dependent apoptosis specifically evoked by 5 - Fu@nanogel system with passive targeting and pH activatable dual function［J］. Journal of Controlled Release，2017，254：107 - 118.

［14］Cao P, Sun X D, Liang Y, et al. Gene delivery by a cationic and thermosensitive nanogel promoted establish tumor growth inhibition［J］. Nanomedicine，2015，10 (10)：1585 - 1597.

［15］Su Y H, Huang N, Chen D, et al. Successful in vivo hyperthermal therapy toward breast cancer by chinese medicine shikonin-loaded thermosensitive micelle［J］. International Journal of Nanomedicine，2017，12：4019 - 4035.

［16］Zhang H Z, Li Q B, Zhang Y Y, et al. A Nanogel with passive targeting function and adjustable polyplex surface properties for efficient anti-tumor gene therapy［J］. RSC Advances，2016，87(6)：84445 - 84456.

［17］ Li W，Zhao H ，Qian W Z ，et al. Chemotherapy for gastric cancer by finely tailoring anti-her2 anchored dual targeting immunomicelles［J］. Biomaterials，2012，33（21）：5349－5362.

［18］ Weinberg F，Han M K，Dahmke I N，et al. Anti-correlation of HER2 and focal adhesion complexes in the plasma membrane［J］. PLOS One，2020，15（6）：e0234430.

［19］ Qi S，Li H，Lu L，et al. Long-term intravital imaging of the multicolor-coded tumor microenvironment during combination immunotherapy［J］. ELife，2016，5：14756.

［20］ Chishima T，Miyagi Y，Wang X E，et al. Cancer invasion and micrometastasis visualized in live tissue by green fluorescent protein expression［J］. Cancer Research，1997，57（10）：2042－2047.

［21］ Dai Y，Yu X，Wei J，et al. Metastatic status of sentinel lymph nodes in breast cancer determined with photoacoustic microscopy via dual-targeting nanoparticles［J］. Light：Science & Applications，2020（9）：164.

［22］ Bilhou-Nabera C，Brigaudeau C，Clay D，et al. Does cytogenetic mosaicism in CD34（＋）CD38（low）cells reflect the persistence of normal primitive hematopoietic progenitors in myeloid metaplasia with myelofibrosis?［J］Blood，2003，102（4）：1551－1552.

［23］ Shinya Y. Induction of pluripotency by defined factors［J］. Chinese Bulletin of Life Sciences，2010，22（3）：259－261.

［24］ Yu X，Dai Y，Zhao Y，et al. Melittin-lipid nanoparticles target to lymph nodes and elicit a systemic anti-tumor immune response［J］.Nature Communication，2020，11（1）：1110.

［25］ Dai B，Zhang R，Qi S，et al. Intravital molecular imaging reveals that ROS－caspase－3－GSDME－induced cell punching enhances humoral immunotherapy targeting intracellular tumor antigens［J］. Theranostics，2022，12（17）：7603－7623.

［26］ Galisova A，Herynek V，Swider E，et al. A Trimodal imaging platform for tracking viable transplanted pancreatic islets in vivo：F－19 MR，fluorescence，and bioluminescence imaging［J］. Molecular Imaging and Biology，2019，21（3）：454－464.

［27］ Feng W，Liu S，Zhang C，et al. Comparison of cerebral and cutaneous microvascular dysfunction with the development of type 1 diabetes［J］. Theranostics，2019，9（20）：5854－5868.

［28］ Dentin R，Liu，Y，Koo S H，et al. Insulin modulates gluconeogenesis by inhibition of the coactivator TORC2［J］. Nature，2007，449（7160）：366－371.

［29］ Cook S，Griffin D. Luciferase imaging of neurotropic viral infection in intact animals［J］. Journal of Virology，2003，77（9）：5333－5338.

[30] Cheeran M C, Hu S X, Little M R, et al. Experimental herpes simplex virus - 1 encephalitis induces neural stem cell proliferation and migration[J]. Journal of Neurovirology, 2009, 15: 15.

[31] Dai Y, Yu X, Wei J, et al. Metastatic status of sentinel lymph nodes in breast cancer determined with photoacoustic microscopy via dual-targeting nanoparticles [J]. Light, Science & Applications, 2020, 9(1): 450 - 465.

[32] Yang F, Liu S, Liu X, et al. In vivo visualization of tumor antigen-containing microparticles generated in fluorescent-protein-elicited immunity[J]. Theranostics, 2016, 6(9): 1453 - 1466.